海上风电工程安质环管理丛书

海上风电工程现场标准化图集

中广核工程有限公司　组编

内容提要

本书是以中国广核集团《核电工程安全标准化及国际标杆实施图集》为基础，依据国家现行安全生产法律法规和标准，结合海上风电工程主要风险、管理特色、实践反馈，针对工程建设现场形象不统一、缺少参考依据和衡量尺度等问题汇编的一部标准化指引手册。

本书分为通用篇、陆上作业篇、海上作业篇，通过图文并茂的形式，为海上风电工程现场标准化建设提供全面、直观的参考依据，促进达成良好安全绩效，助力海上风电工程高质量发展。

图书在版编目（CIP）数据

海上风电工程现场标准化图集 / 中广核工程有限公司组编 . -- 北京 : 中国电力出版社，2024. 9. —（海上风电工程安质环管理丛书）. -- ISBN 978-7-5198-9310-1

Ⅰ . TM62-65

中国国家版本馆 CIP 数据核字第 20241YP175 号

出版发行：中国电力出版社
地　　址：北京市东城区北京站西街 19 号
邮政编码：100005
网　　址：http：//www.cepp.sgcc.com.cn
责任编辑：孙建英（010–63412369）
责任校对：黄　蓓　常燕昆
装帧设计：赵姗姗
责任印制：吴　迪

印　　刷：北京九天鸿程印刷有限责任公司
版　　次：2024 年 9 月第一版
印　　次：2024 年 9 月北京第一次印刷
开　　本：787 毫米 ×1092 毫米　横 16 开本
印　　张：12.5
字　　数：290 千字
印　　数：0001—1000 册
定　　价：135.00 元

丛书编委会

主　任　郝　坚

副主任　宁小平　乔恩举　杨亚璋

委　员　秦雁枫　王耀明　任伊秋　冯春平　刘以亮　张新明　陈晓义
魏　鹏　高　伟　张　征　杨甲文　司马星

本书编写组

主　　编　秦雁枫

副 主 编　张新明　王　硕

参编人员（按姓氏笔画为序）

全　毅　李　昕　李　雷　张四军　林晓东　段宗辉　徐民杰
高章玉　符文扬　彭小方

审核人员（按姓氏笔画为序）

兰洪涛　刘　洋　孙　斌　苏　成　苏　磊　杨国辉　吴　鹏
尚会刚　易宇航　赵　展　贾真庸　钱　舟　葛荣礼

前言

党的二十大报告指出，要积极稳妥推进碳达峰碳中和，深入推进能源革命，加快规划建设新型能源体系，加强能源产供储销体系建设，确保能源安全。这些重大战略部署为以核电、风电为代表的清洁能源长期稳定发展提供了机遇。而海上风电作为近年来快速兴起的风电技术形式，由于其资源丰富、发电利用小时高、不占用土地和适宜大规模开发等特点，在较短的时间内不仅得到了地方政府的高度关注和青睐，还成为电力企业竞相争夺的热点领域。过去的几年，海上风电取得了爆发式的发展，累计装机容量达到 3770 万 kW，为我国能源清洁绿色低碳转型做出了突出贡献。

同时我们也看到，海上风电工程是在多变的海洋气象条件下，以各类工程船舶为施工作业平台，进行高频率的大吨位吊装作业、高频次的潜水作业、高频数的自升式平台桩腿插拔作业等多种高风险作业叠加的海洋工程。未来海上风电建设走向深水远海是必然趋势，技术更新迭代快、风机大型化给工程建设和安质环管理带来更加严峻的挑战。但相关单位作业风险管控经验不足，行业内可借鉴的管理经验有限。在这样的背景下，建设一套适用于海上风电工程的安质环管理体系，促进海上风电工程业务健康、安全、高质量发展，具有较大的现实意义和社会价值。

中广核工程有限公司是中国广核集团旗下从事以核电为主的工程建设管理专业化公司，是我国第一家核电建设管理专业化 AE 公司。自成立以来，始终坚持“安全第一、质量第一、追求卓越”的基本原则，立足于核电工程建设，并积极拓展海上风电等高端复杂系统工程建设，建立形成了一整套基于核安全的安质环管理体系。公司自 2018 年进入海上风电业务领域以来，全面借鉴核电工程现场安质环管理经验和核电工程国际标杆建设良好实践，并结合海上风电工程特点，深入落实安委办〔2022〕9 号《国务院安委会办公室　自然资源部　交通运输部　国务院国资委　国家能源局关于加强海上风电项目安全风险防控工作的意见》，深入践行“严慎细实”工作作风，对标先进、主动谋划，形成以风险管理为核心并具有中广核特色实践经验的海上风电工程安质环管理体系。

我们将几年来在海上风电工程建设中不断探索、总结、积累的实践、经验与成果汇编整理成《海上风电工程安质环管理丛书》，从根本上解决了参建单位要求不一、执行不一的难题，取得了良好的安质环业绩，为海上风电工程的安质环管理提供中广核解决方案，为海上风电行业提供了可借鉴的管理经验。

本丛书共分五册，其中《海上风电工程一站式安健环管控指引》是风险分级管控的具象化体现，以海上风电工程总承包方的视角系统介绍了如何实施安健环管控；《海上风电工程隐患排查指引》系统汇编了主要风险对应的隐患排查表，严格落实重大安全风险“一票否决”制度，树立“隐患就是事故”的观念，各参建单位可直接参考并应用于现场隐患排查和治理；《海上风电工程质量管控指引》全面介绍了设计、采购、施工、调试等各阶段质量管控要求，可用于指导现场质量管控活动；《海上风电工程现场标准化图集》规范整理了施工现场安全管理标准化图集，进而推动海上风电建设产业链各单位安全生产管理的规范化和标准化进程，有利于各参建单位统一认识、统一标准、统一行动；《海上风电工程安全风险识别与评价指引》详细介绍了现场施工作业活动的安全风险和管控措施，践行施工工序与安全工序相融合的理念，各参建单位可对照后应用于现场风险管控。

为更好地服务于海上风电产业安全健康发展，现将本丛书付梓出版，因项目各有特点，难免挂一漏万，不当之处敬请各位同行专家批评斧正。

中广核工程有限公司将始终坚持以习近平新时代中国特色社会主义思想为指导，统筹发展与安全，坚持“人民至上、生命至上”，始终坚持“安全质量是立身之本”，坚持以躬身入局的政治担当、以命运与共的社会责任，持续完善具有中广核特色的海上风电工程安质环管理体系，为我国海上风电安质环管理和高质量发展贡献绵薄之力。

董事长

2024 年 6 月 20 日

目　录

1 通用篇

1.1 安全色

1.1.1 安全色与对比色

安 全 色：传递安全信息含义的颜色，包括红、黄、蓝、绿四种颜色。

对 比 色：使安全色更加醒目的反衬色，包括黑、白两种颜色。

基本要求：安全色色彩模式代码（简称CMYK代码），应符合本单位要求。

红色：传递禁止、停止、危险或提示消防设备、设施的信息。

黄色：传递注意、警告的信息。

蓝色：传递必须遵守规定的指令性信息。

绿色：传递安全的提示性信息。

黑色：用于安全标志的文字、图形符号和警告标志的几何边框。

白色：用于安全标志中红、蓝、绿的背景色，也可用于安全标志的文字和图形符号。

安全色	对比色
红 RED C:0 M:100 Y:100 K:0	白 WHITE C:0 M:0 Y:0 K:0
黄 YELLOW C:0 M:0 Y:100 K:0	黑 BLACK C:0 M:0 Y:0 K:100
蓝 BLUE C:100 M:0 Y:0 K:0	白 WHITE C:0 M:0 Y:0 K:0
绿 GREEN C:100 M:0 Y:100 K:0	白 WHITE C:0 M:0 Y:0 K:0

参考标准：《安全色》（GB 2893—2008）

1.1.2 安全标记

安全标记：采用安全色和（或）对比色传递安全信息或者使某个对象或地点变得醒目的标记。

基本要求：安全色与对比色的条纹宽度应相等，即各占50%，斜度与基准面成45°。

宽度一般为100mm，但可根据设备大小和安全标志位置的不同，采用不同宽度，在较小面积上其宽度可适当缩小。

黄色与黑色相间条纹：危险位置的安全标记。

红色与白色相间条纹：禁止或提示消防设备、设施位置的安全标记。

蓝色与白色相间条纹：指令的安全标记，传递必须遵守规定的信息。

绿色与白色相间条纹：安全环境的安全标记。

参考标准：《安全色》（GB 2893—2008）

1.2 安全标志

1.2.1 通用安全标志

颜　　色：安全标志所用颜色应符合GB 2894、GB 2893规定。

材　　质：安全标志应采用坚固耐用的材料制作，一般不宜使用遇水变形、变质或易燃的材料；有触电危险的作业场所应使用绝缘材料；室内环境建议使用亚克力、PVC等，室外环境可采用铝板、不锈钢等。

尺　　寸：安全标志尺寸应符合GB 2894、GB/T 2893.1等规定，安全标志外框下方设置logo，可根据安全标志尺寸等比例缩放。

安　　装：标志牌应设在与安全风险有关的醒目地方，不应设在门、窗、架等可移动的物体上，平面与视线夹角应接近90°，最小夹角不低于75°。

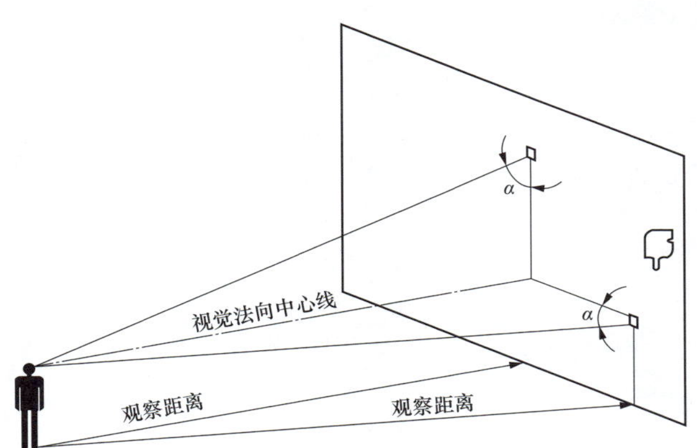

标志牌平面与视线夹角α不低于75°

参考标准：《安全色》（GB 2893—2008）
《图形符号　安全色和安全标志　第1部分：安全标志和安全标记的设计原则》（GB/T 2893.1—2013）
《图形符号　安全色和安全标志　第3部分：安全标志用图形符号设计原则》（GB/T 2893.3—2013）
《图形符号　安全色和安全标志　第5部分：安全标志使用原则与要求》（GB/T 2893.5—2020）

排列顺序：多个安全标志在一起设置时，要按照警告、禁止、指令、提示类型的顺序，先左后右、先上后下地进行排列。组合使用时，外框可单独设置，也可合并后设置。

排列顺序示例

外框尺寸	A	B
甲	950	650
乙	575	410
丙	350	250
丁	900	650

外框常见规格与尺寸（单位：mm）

1.2.1.1 警告标志

警告标志：提醒人们注意防范周围环境中的风险。

基本要求：警告标志牌的基本型式是黑色的正三角形边框，背景色为黄色，显示黑色图形符号。

边框用黄色勾边，边宽为标志边长的0.025倍。

中文辅助文字宜采用笔画粗细一致的字体，如黑体。

英文辅助文字宜采用笔画粗细相近的无衬线字体，首字母大写。

尺寸	*A*	*B*	*a*	*b* = *d*
甲	800	600	200	450
乙	500	375	125	280
丙	300	225	75	175
丁	200	150	50	110

常见规格与尺寸（单位：mm）

参考标准：《安全色》（GB 2893—2008）
《图形符号　安全色和安全标志　第1部分：安全标志和安全标记的设计原则》（GB/T 2893.1—2013）
《图形符号　安全色和安全标志　第3部分：安全标志用图形符号设计原则》（GB/T 2893.3—2013）
《图形符号　安全色和安全标志　第5部分：安全标志使用原则与要求》（GB/T 2893.5—2020）

1.2.1.2 禁止标志

禁止标志：禁止人们不安全行为的图形标志。

基本要求：禁止标志的基本型式是带斜杠的红色圆边框，覆盖黑色的图形符号。

中文辅助文字宜采用笔画粗细一致的字体，如黑体。

英文辅助文字宜采用笔画粗细相近的无衬线字体，首字母大写。

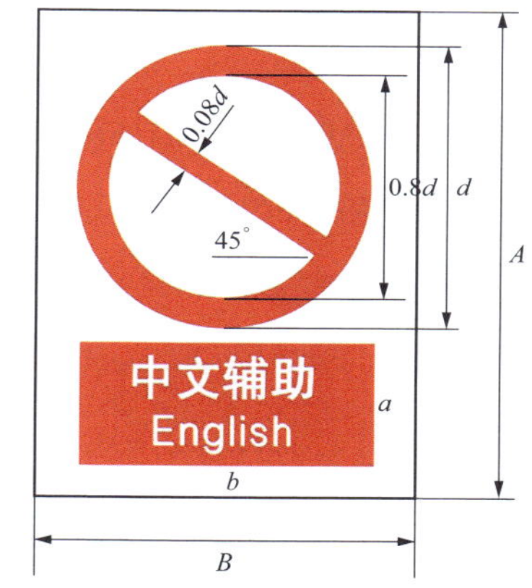

尺寸	*A*	*B*	*a*	*b* = *d*
甲	800	600	200	450
乙	500	375	125	280
丙	300	225	75	175
丁	200	150	50	110

常见规格与尺寸（单位：mm）

参考标准：《安全色》（GB 2893—2008）
《图形符号　安全色和安全标志　第1部分：安全标志和安全标记的设计原则》（GB/T 2893.1—2013）
《图形符号　安全色和安全标志　第3部分：安全标志用图形符号设计原则》（GB/T 2893.3—2013）
《图形符号　安全色和安全标志　第5部分：安全标志使用原则与要求》（GB/T 2893.5—2020）

1.2.1.3 指令标志

指令标志：强制人们必须做出某种动作或采用防范措施的图形标志。

基本要求：指令标志牌的基本型式是圆形边框，背景色为蓝色，显示白色图形符号。

中文辅助文字宜采用笔画粗细一致的字体，如黑体。

英文辅助文字宜采用笔画粗细相近的无衬线字体，首字母大写。

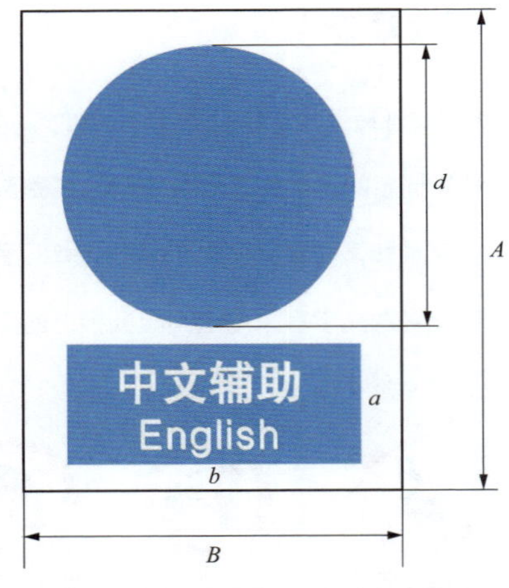

尺寸	*A*	*B*	*a*	*b* = *d*
甲	800	600	200	450
乙	500	375	125	280
丙	300	225	75	175
丁	200	150	50	110

常见规格与尺寸（单位：mm）

参考标准：《安全色》（GB 2893—2008）

《图形符号　安全色和安全标志　第1部分：安全标志和安全标记的设计原则》（GB/T 2893.1—2013）

《图形符号　安全色和安全标志　第3部分：安全标志用图形符号设计原则》（GB/T 2893.3—2013）

《图形符号　安全色和安全标志　第5部分：安全标志使用原则与要求》（GB/T 2893.5—2020）

1.2.1.4 提示标志

提示标志：向人们提供某种信息（如标明安全设施或场所等）的图形标志。

基本要求：提示标志牌的基本型式是正方形边框，背景为绿色，显示白色图形符号。

中文辅助文字宜采用笔画粗细一致的字体，如黑体。

英文辅助文字宜采用笔画粗细相近的无衬线字体，首字母大写。

提示标志提示目标的位置时可在标志旁边加上方向辅助标志。

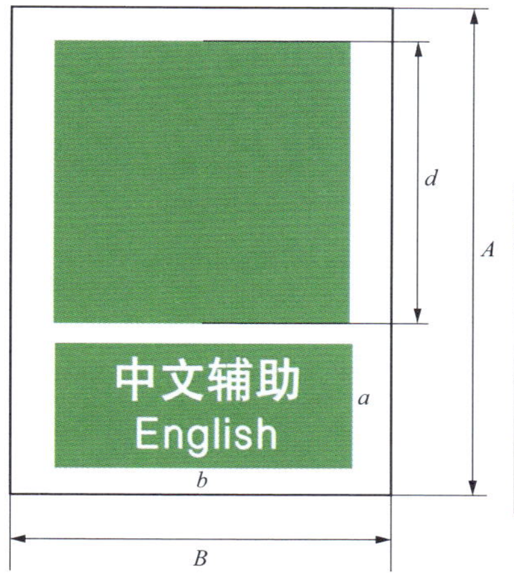

尺寸	A	B	a	b = d
甲	800	600	200	450
乙	500	375	125	280
丙	300	225	75	175
丁	200	150	50	110

常见规格与尺寸（单位：mm）

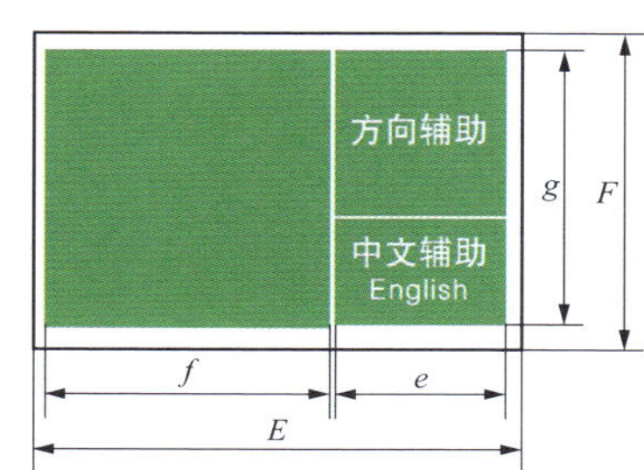

尺寸	E	F	e	f = g
甲	800	470	450	320
乙	480	300	285	175
丙	300	185	175	110
丁	185	115	110	65

常见规格与尺寸（单位：mm）

参考标准：《安全色》（GB 2893—2008）
《图形符号　安全色和安全标志　第1部分：安全标志和安全标记的设计原则》（GB/T 2893.1—2013）
《图形符号　安全色和安全标志　第3部分：安全标志用图形符号设计原则》（GB/T 2893.3—2013）
《图形符号　安全色和安全标志　第5部分：安全标志使用原则与要求》（GB/T 2893.5—2020）

1.2.2 职业健康安全标志

基本要求：在存在职业危害的入口或作业场所的显著位置设置，可设置需要警告的职业病危害因素、指令的防护用品以及其他标识等内容。颜色、材质、尺寸等其他要求可参考本图集1.2.1通用安全标志。

使用有毒物品作业场所示例

灼伤和腐蚀的作业场所示例

参考标准：《工作场所职业病危害警示标识》（GB/Z 158—2003）

粉尘作业场所示例

噪声的作业场所示例

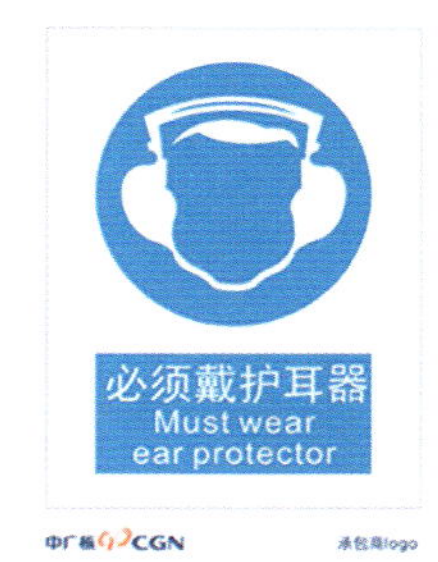

其他示例

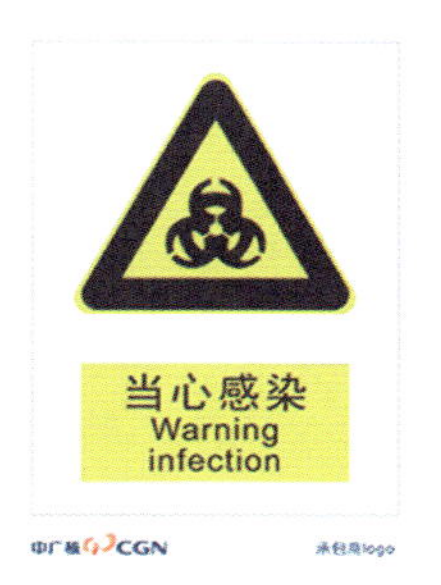

参考标准：《工作场所职业病危害警示标识》（GB/Z 158—2003）

1.2.3 消防安全标志

颜　　色：消防安全标志颜色通常有红色、绿色和黄色。红色正方形标示消防设施(如火灾报警装置和灭火设备)；绿色正方形提示安全状况(如紧急疏散逃生)；带斜杠的红色圆形表示禁止；黄色等边三角形表示警告。

材质 / 尺寸：可参考本图集1.2.1通用安全标志，推荐尺寸d=110mm。

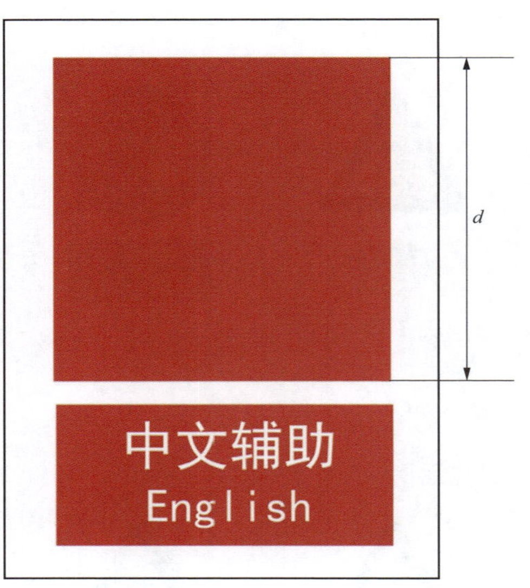

火灾报警装置标志示例

灭火设备标志示例

参考标准：《消防安全标志　第1部分：标志》(GB 13495.1—2015)

消防类禁止标志示例

疏散逃生标志示例

参考标准：《消防安全标志　第 1 部分：标志》(GB 13495.1—2015)

1.2.4 交通安全标志

颜　　色：不同类型的交通标志颜色不同，但应满足GB 5768.2的规定。

材　　质：PVC板、金属板。

尺　　寸：推荐圆形标志直径600mm，三角形标志边长700mm，衬边为4mm。建议直接购买符合国家标准的交通标志牌。

安　　装：需要根据道路交通合理设置交通标志牌，路侧标志内边缘不应侵入道路建筑限界，距车行道、人行道、渠化岛的外侧边缘或土路肩应不小于25cm。交通标志与立柱配合使用（立杆高度为150~250cm），制作时选用的材质应考虑具有反光能力，以满足夜间通行可视要求。

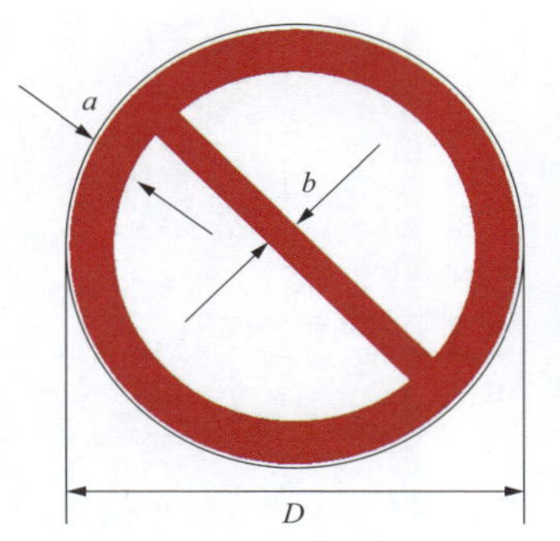

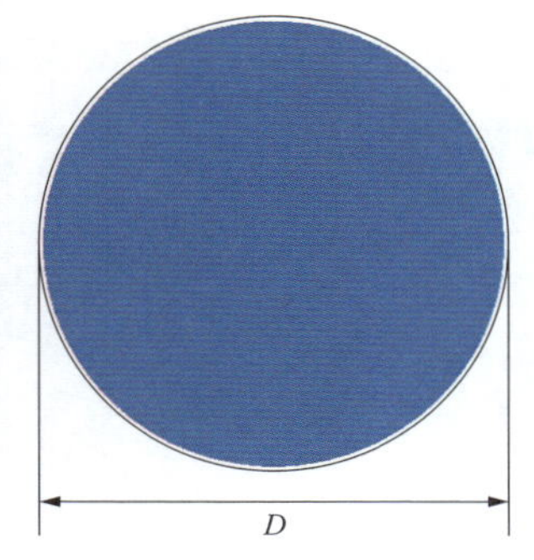

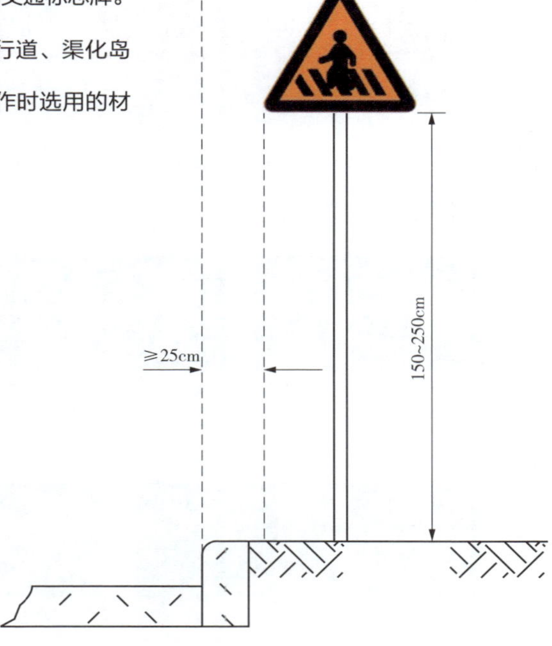

D	*a*	*b*	*A*
600	60	45	700

参考标准：《道路交通标志和标线　第2部分：道路交通标志》（GB 5768.2—2022）

禁令标志示例

禁止驶入

禁止通行

禁止车辆停放

禁止掉头

禁止超车

交通警告标志示例

交叉路口

连续下坡

右侧绕行

前方道路施工

30km/h

交通指示标志示例

环岛行驶

大型货车靠右行驶

行人

允许掉头

货车通行

参考标准：《道路交通标志和标线　第2部分：道路交通标志》（GB 5768.2—2022）

1.2.4.1 指路标志示例

设置要求：指路标志作为道路信息的指引，应为驾驶人提供去往目的地所经过的道路、地点、距离和行车方向等信息。

同一方向选取两个信息时，应在一行或两行内按照信息由近到远的顺序由左至右或由上至下排列，且指直行方向信息不宜竖向排列。

标志版面信息排列示例

交叉路口预告

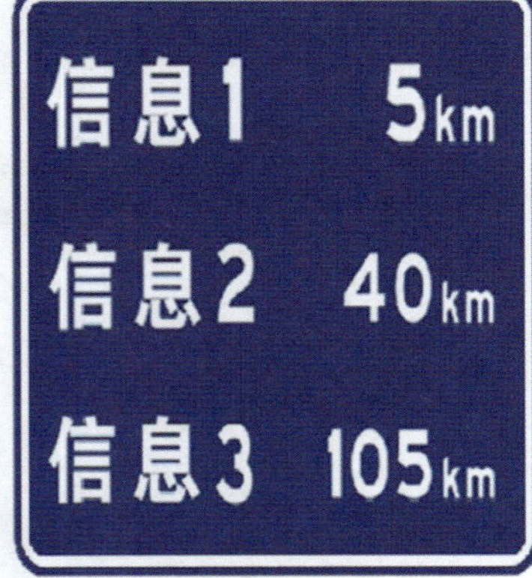

地点距离

参考标准：《道路交通标志和标线　第2部分：道路交通标志》(GB 5768.2—2022)

1.2.4.2 告示标识示例

交通监控设备信息示例

系安全带

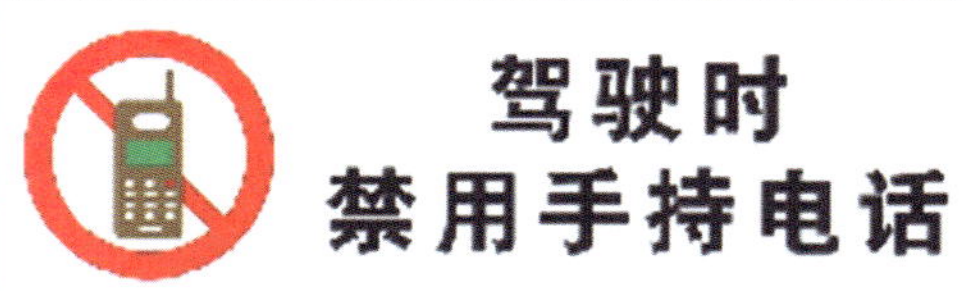

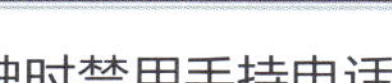
驾驶时禁用手持电话

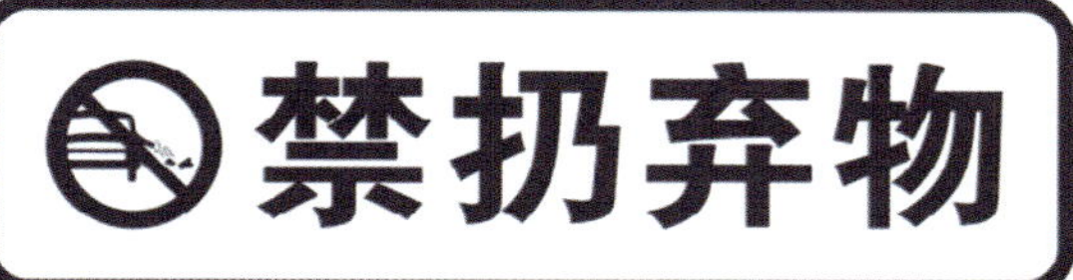

禁扔弃物

参考标准：《道路交通标志和标线　第2部分：道路交通标志》（GB 5768.2—2022）

1.2.5 环境保护标志

1.2.5.1 环境保护标志

颜　　色：环境保护标志包括黄色的警示标志和绿色的提示标志。

材　　质：标志牌采用1.5～2mm冷轧钢板；立柱采用38×4mm无缝钢管。

尺　　寸：可参考本图集1.2.1通用安全标志。

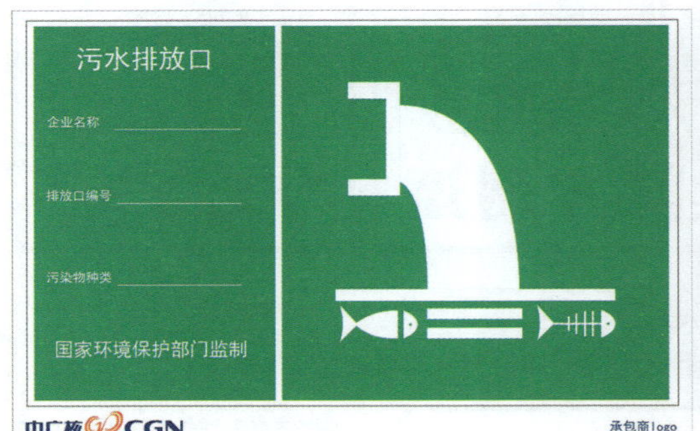

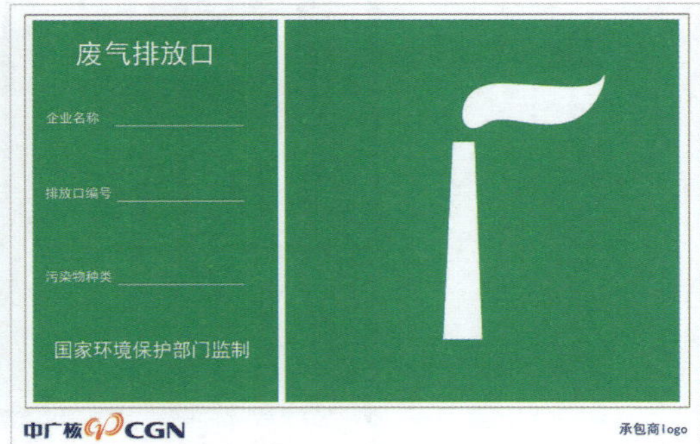

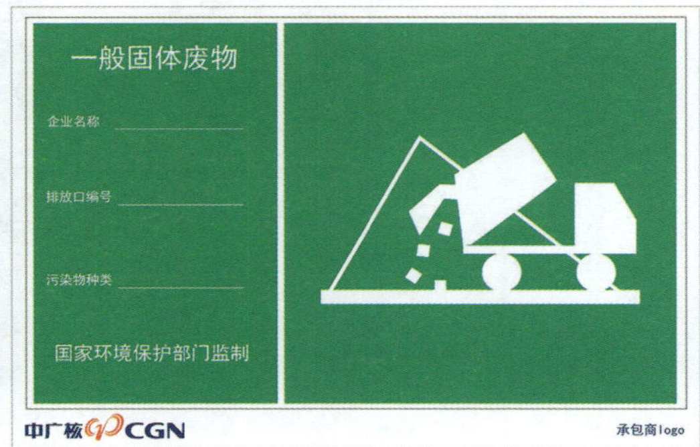

1.2.5.2 一般环境卫生标识

颜　　色：设施标志的构成元素应为蓝色，衬底色应为白色。

材　　质：金属制、PVC板、防水贴纸。

尺　　寸：推荐200mm × 150mm（不含外框的常规尺寸）。

1.2.5.3 垃圾分类标识

颜　　色：分为蓝、红、绿、黑四种颜色，可以用这四种颜色作为标志底色，也可用于标志本身的颜色。

材　　质：PVC或在垃圾桶上直接印刷。

尺　　寸：推荐200mm × 140mm，建议直接采购成品。

参考标准：《生活垃圾分类标志》（GB/T 19095—2019）

1.2.6 危险废物标志

1.2.6.1 危险废物标签

颜　　色：危险废物标签背景色应采用醒目的橘黄色，RGB 颜色值为（255，150，0）。标签边框和字体颜色为黑色，RGB 颜色值为（0，0，0）。

材　　质：标签可采用不干胶印刷品，或印刷品外加防水塑料袋或塑封。

尺　　寸：100mm×100mm，150mm×150mm，200mm×200mm。

其他要求：容积超过 450L 的容器或包装物，应在相对的两面都设置危险废物标签。当危险废物容器或包装物还需同时设置危险货物运输相关标志时，危险废物标签可与其分开设置在不同的面上，也可设在相邻的位置。

危险废物

废物名称：
废物类别：
废物代码：　废物形态：
主要成分：
有害成分：
危险特性
注意事项：
数字识别码：
产生/收集单位：
联系人和联系方式：
产生日期：　废物重量：
备注：

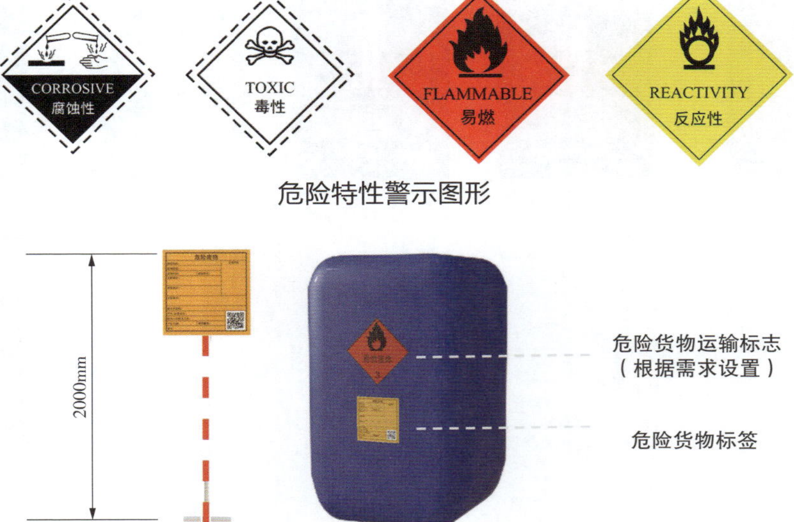

危险特性警示图形

参考标准：《危险废物识别标志设置技术规范》（HJ 1276—2022）

1.2.6.2 危险废物贮存分区

颜　　色：危险废物分区标志背景色应采用黄色，RGB 颜色值为（255，255，0）。废物种类信息应采用醒目的橘黄色，RGB 颜色值为（255，150，0）。

材　　质：可采用印刷纸张、不干胶材质或塑料卡片。

尺　　寸：300mm × 300mm，450mm × 450mm，600mm × 600mm。

其他要求：危险废物贮存分区标志应包含但不限于设施内部所有贮存分区的平面分布、各分区存放的危险废物信息、本贮存分区的具体位置、环境应急物资所在位置以及进出口位置和方向。

危险废物贮存分区标志

N

收集池

HW08废矿物油

HW22含铜废物

HW49其他废物：
900-041-49
900-047-49

应急物资

出入口

贮存分区　★ 当前所处位置

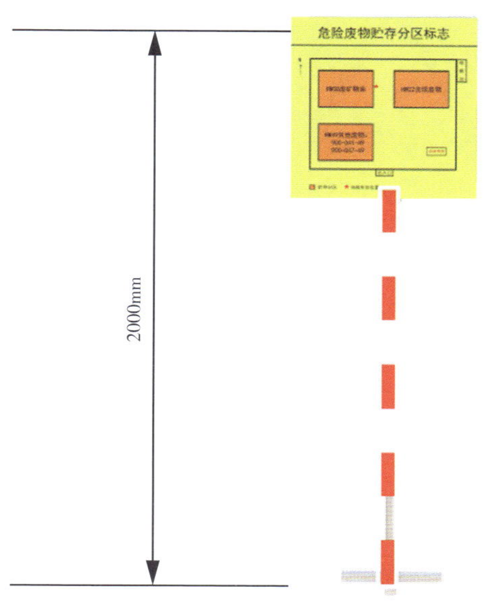

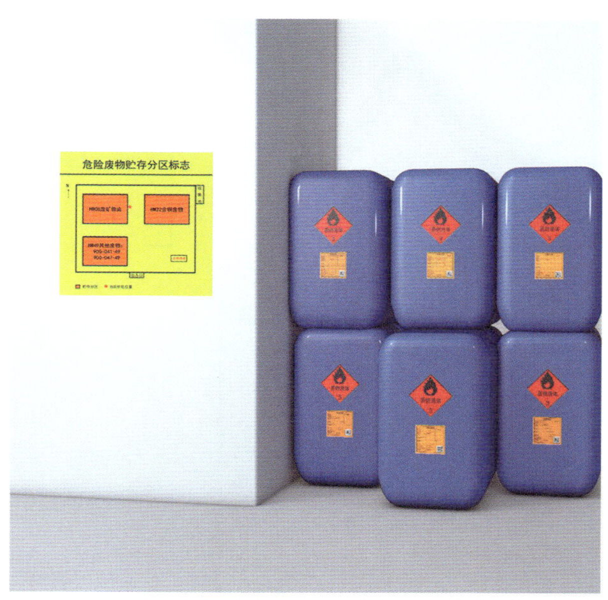

参考标准：《危险废物识别标志设置技术规范》（HJ 1276—2022）

1.2.6.3 危险废物贮存、利用、处置设施标志

颜　　色：危险废物设施标志背景颜色为黄色，RGB 颜色值为（255，255，0）。

材　　质：宜采用坚固耐用的材料（如 1.5～2 mm 冷轧钢板），并做搪瓷处理或贴膜处理。

尺　　寸：900mm×558mm，600mm×372mm，300mm×186mm。

其他要求：危险废物贮存、利用、处置设施标志应包含三角形警告性图形标志和文字性辅助标志；应以醒目的文字标注危险废物设施的类型。

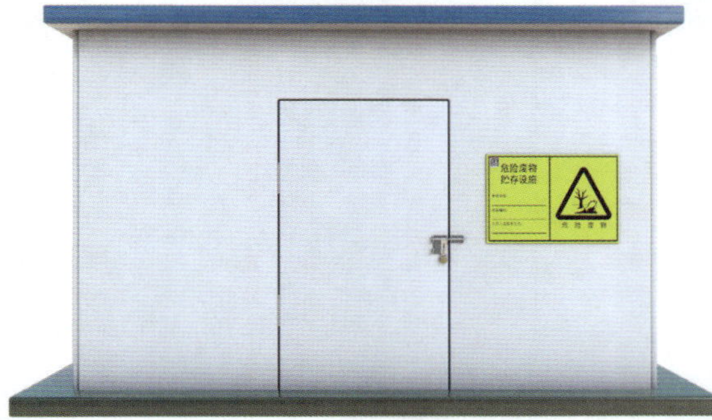

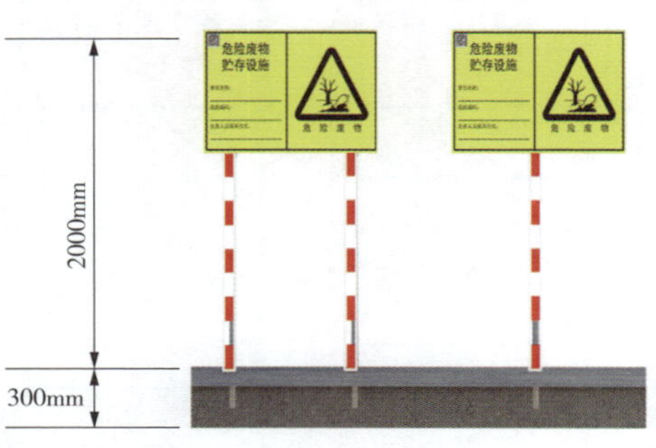

参考标准：《危险废物识别标志设置技术规范》（HJ 1276—2022）

1.3 安全信息牌

1.3.1 基础信息类

1.3.1.1 通用要求

颜　　色：蓝色（C:100 M:70 Y:20 K:10）。

材　　质：PVC板、金属板或不干胶。

尺　　寸：推荐300mm × 200mm，其余根据现场实际等比例缩放。

设置要求：用于施工场所基础信息告知，包括责任信息、设备设施基础信息、物料位置信息、建筑物标高、承重物承重信息等，可以结合二维码一起使用。

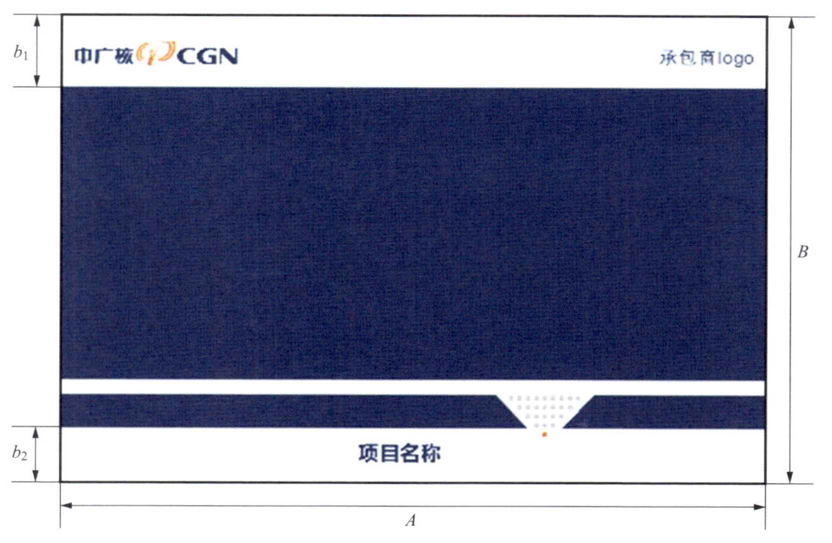

尺寸	A	B	b_1	b_2
甲	2000	1200	200	145
乙	900	600	90	70
丙	500	333	50	39
丁	300	200	30	23

1.3.1.2 基础信息类示例

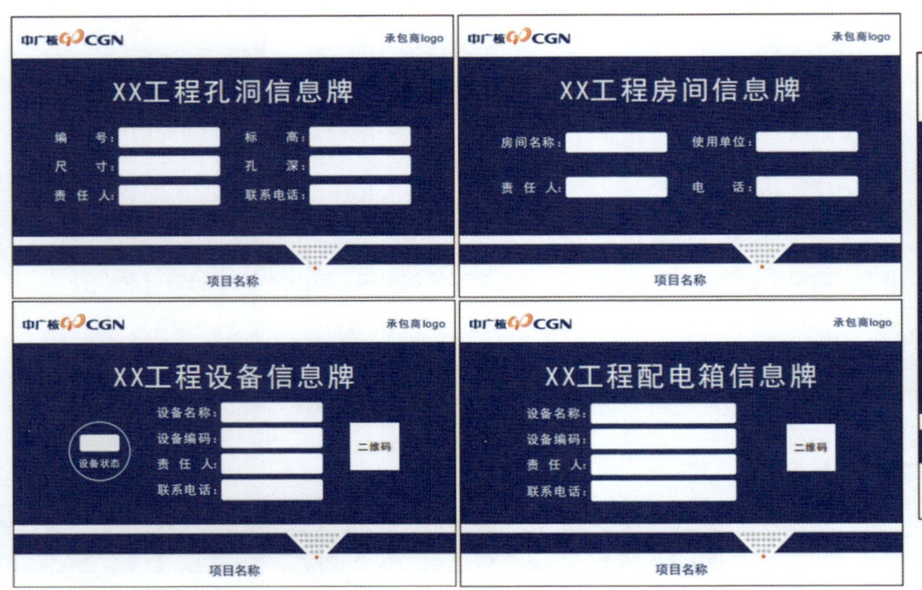

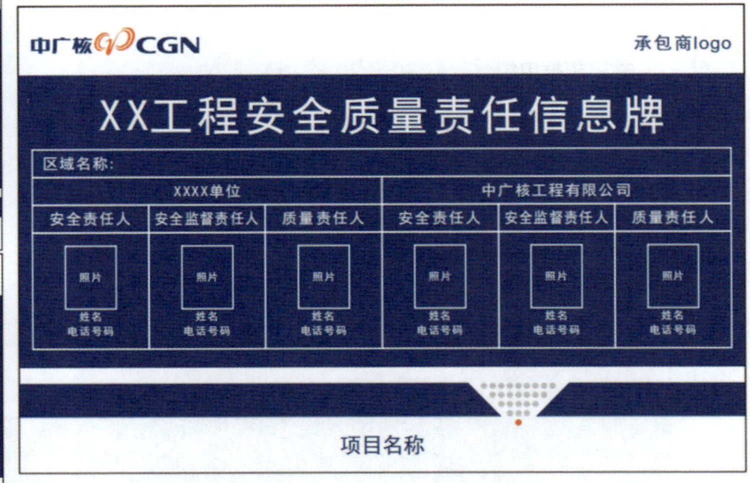

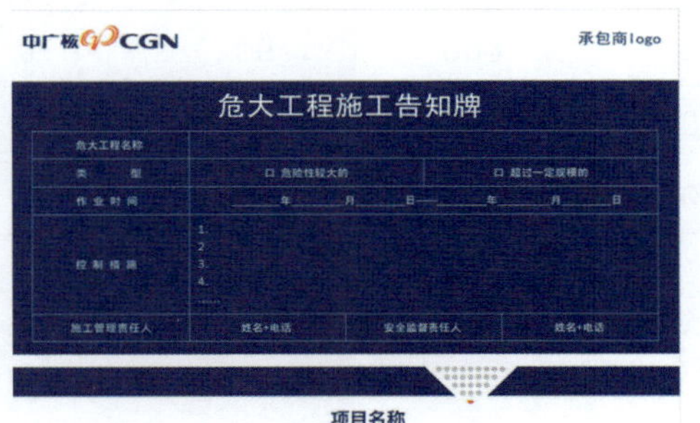

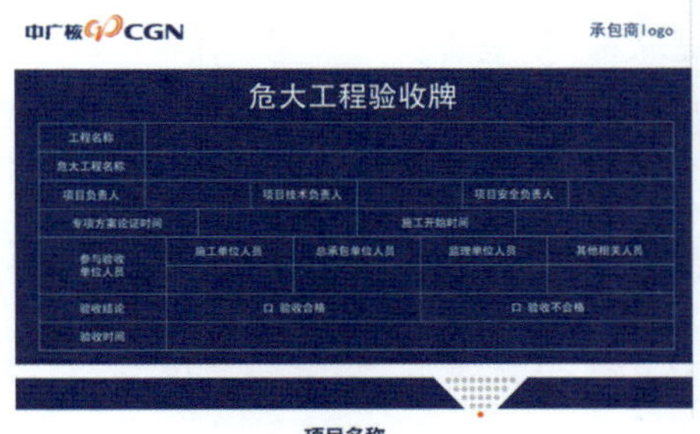

1.3.1.3 电缆桩信息牌

材　　质：PVC板、金属板或不干胶。

尺　　寸：根据电缆桩大小匹配。

设置要求：用于施工现场需要对埋设的临时管线电缆进行标记的场所，标识埋设位置和走向等信息。

中广核 CGN　　承包商logo

XX工程电缆桩信息牌

单　　位：

责 任 人：

联系电话：

埋管深度

项目名称

1.3.1.4 材料状态标识信息牌

材　　质：标识牌材料采用不干胶或铝合金板。

尺　　寸：推荐300mm×200mm、600mm×400mm。

设置要求：标识材料的各种状态。

1.3.1.5 建筑物标识牌

材　　质：金属制、PVC板、防水贴纸。

尺　　寸：推荐70mm×70mm。

设置要求：设置在现场构筑物外侧用以标明构筑物名称。

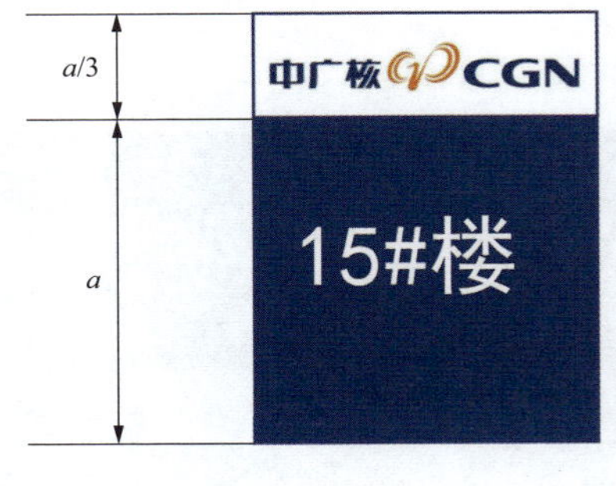

中广核 CGN

配餐中心工程

8F

28F

1.3.2 警告禁止信息类

颜　　色：红色。

材　　质：PVC板、金属板或不干胶。

尺　　寸：推荐300mm × 200mm，其余根据现场实际等比例缩放。

设置要求：设置在施工现场存在各类风险的场所入口，需进行必要警示、警告风险因素的施工场所，可配合本图集1.2禁止、警告类安全标识使用。

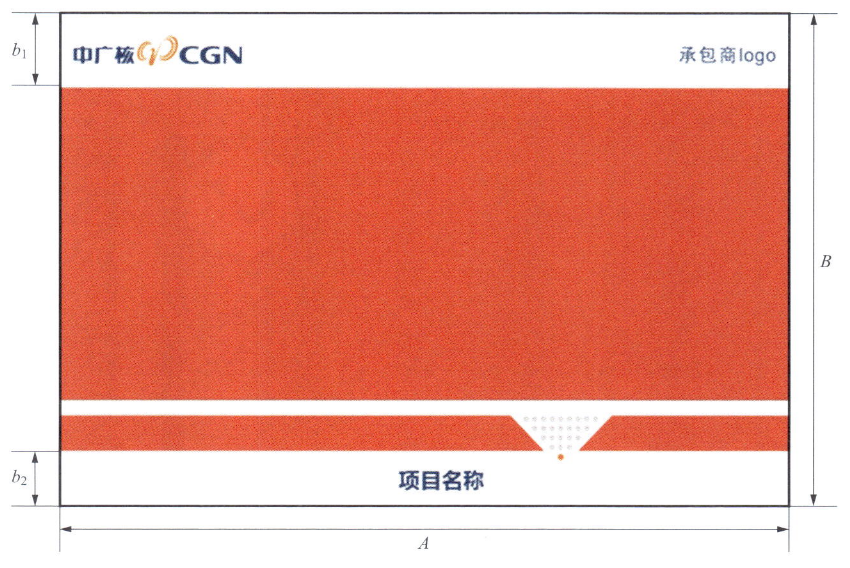

尺寸	A	B	b_1	b_2
甲	2000	1200	200	145
乙	900	600	90	70
丙	500	333	50	39
丁	300	200	30	23

1.3.3 特殊场所、设备与人员类

1.3.3.1 小型设备机具检查合格标签

颜　　色：可采用红、黄、蓝、绿四种颜色，分别代表一、二、三、四季度。

材　　质：不干胶贴。

尺　　寸：60mm × 42mm。

1.3.3.2 脚手架信息牌

颜　　色：禁止使用为红色，允许使用为绿色。

材　　质：PVC 板，悬挂于脚手架通道口或爬梯入口处。

其他要求：现场“爬梯信息牌”“作业平台信息牌”可视现场实际情况按此模板制作。

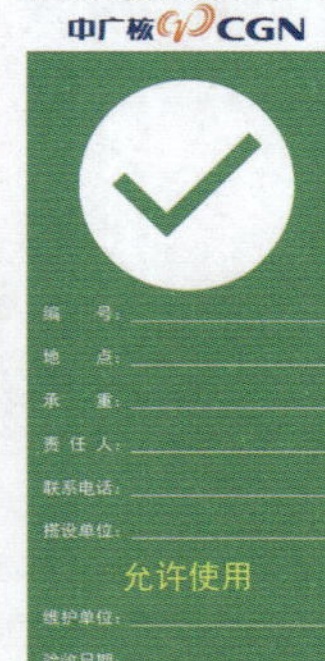

1.3.3.3 风险告知牌

材　　质：聚丙烯不干胶、金属制。

尺　　寸：推荐2000mm × 1200mm，应根据实际情况调整。

安　　装：一般设置在具有一定风险的设备设施、场所或作业现场。

承包商logo

风险点告知牌

责任单位：******单位

风险点名称	电焊机
风险点编码	01
风险等级	一般
风险点照片	

危险和有害因素

一次侧进线、二次侧出线绝缘破损；接地失效……

事故类型及后果

火灾、触电等

岗位操作注意事项

使用前检查绝缘破损；焊件接地；执行操作规程……

应急措施

1）立即疏散人群，隔离现场；
2）立即对伤员急救，报警；
3）立即进行事故报告。

安全标志

当心触电 Warning electric shock

三警合一电话：******110

项目名称

承包商logo

作业风险告知牌

责任单位：******单位

风险点名称	脚手架搭拆
风险点编码	架子工、辅助工
风险等级	重大
风险点照片	

危险和有害因素

1）无方案施工，未进行交底
2）架子工无证上岗，患高血压、心脏病、癫痫、恐高等不宜高处作业的情形……

事故类型及后果

高处坠落、物体打击、坍塌等

风险控制措施

1）架子工持证上岗
2）严格执行交底，按方案施工
3）按要求穿戴工作服、安全帽、安全带、安全鞋等劳动防护用品

应急措施

1）立即疏散、撤离，及时报告、报警
2）保护受伤人员防止二次伤害
3）条件允许进行医疗紧急处置

安全标志

当心坠落 Warning drop down

三警合一电话：******110

项目名称

1.3.3.4 人员资格标识

材　　质：帽贴材料为不干胶，袖章材料为布料。

尺　　寸：推荐70mm×60mm。

设置要求：用于现场特殊工种与关键岗位人员的目视管理及考核注册。

陆上帽贴

海上帽贴

袖章

1.3.3.5 医务室标识牌

材　　质：标牌材料采用铝合金板。

尺　　寸：推荐600mm×400mm。

安　　装：用于现场医务室，可根据实际配合提示标识“急救点”或“紧急医疗站”一起使用。

1.4 线条标识

1.4.1 防踏空标识

颜　　色：黄色(Y100)、黑色（K100）相间线条。

尺　　寸：线宽100mm。

设置要求：用于通道有落差（如楼梯等）处，提醒人们注意地面落差，防止踏空，如：楼梯第一台阶、人行通道高差300mm以上的边缘处。

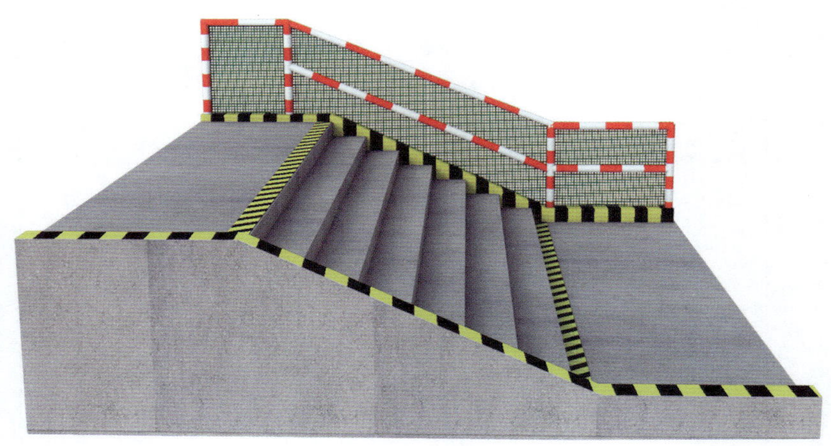

1.4.2 防碰头标识

颜　　色：黄色（Y100）、黑色（K100）相间线条。

尺　　寸：线宽150mm，线条与水平线间夹角45°。

设置要求：用于各类管道、横梁、构架等底部距地面净高小于1.8m处，提醒人们注意头部障碍物，防止碰头，同时可采取软质材料包裹。

1.4.3 禁止阻塞线

颜　　色：黄色（Y100）。

尺　　寸：线宽100mm，线条与主通道行进方向或与箱柜正面底线间的夹角为45°。

设置要求：用于配电箱、灭火器的前方以及主通道、其他禁止阻塞的区域，警告人们请勿占用或阻塞该区域。

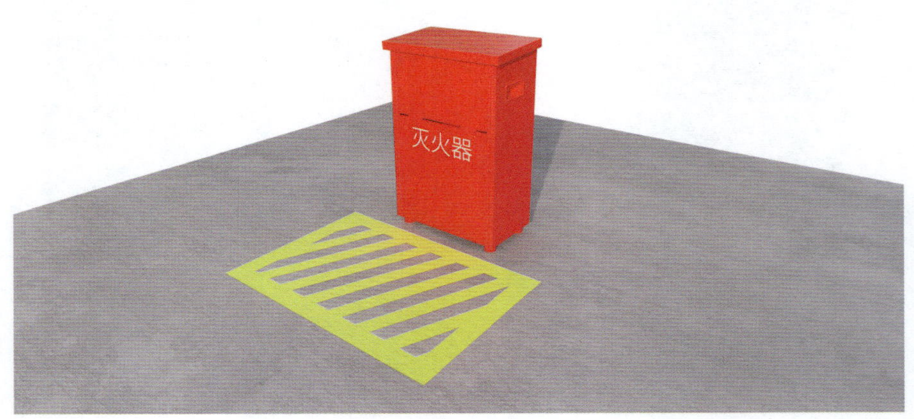

1.4.4 安全警戒线

颜　　色：黄色（Y100）。

尺　　寸：线宽 100mm。

设置要求：用于生产、试验室、库房、堆场区域中可能造成人员伤害、误碰设备威胁安全运行的区域，提醒人们不要误入相应区域、误碰设备。安全警戒线也可用于区域定置化划线标识。

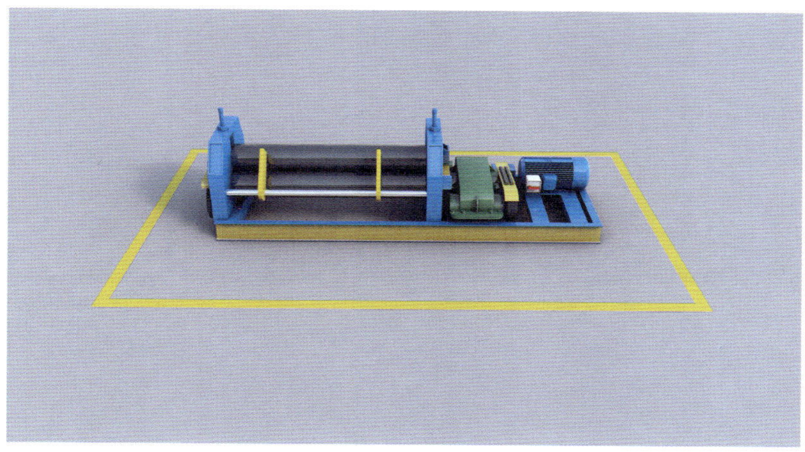

1.5 宣传标识

1. 六牌两图一栏

设置要求：六牌两图一栏包括工程概况、组织机构牌、安全生产牌、文明施工牌、消防保卫牌、入场须知牌、施工现场总平面图、安全文明施工区域划分图、职业病防治公告栏。六牌两图一栏应满足防雨、照度要求，当自然光无法满足要求时应在适当位置设置射灯，照灯应满足安全用电要求。

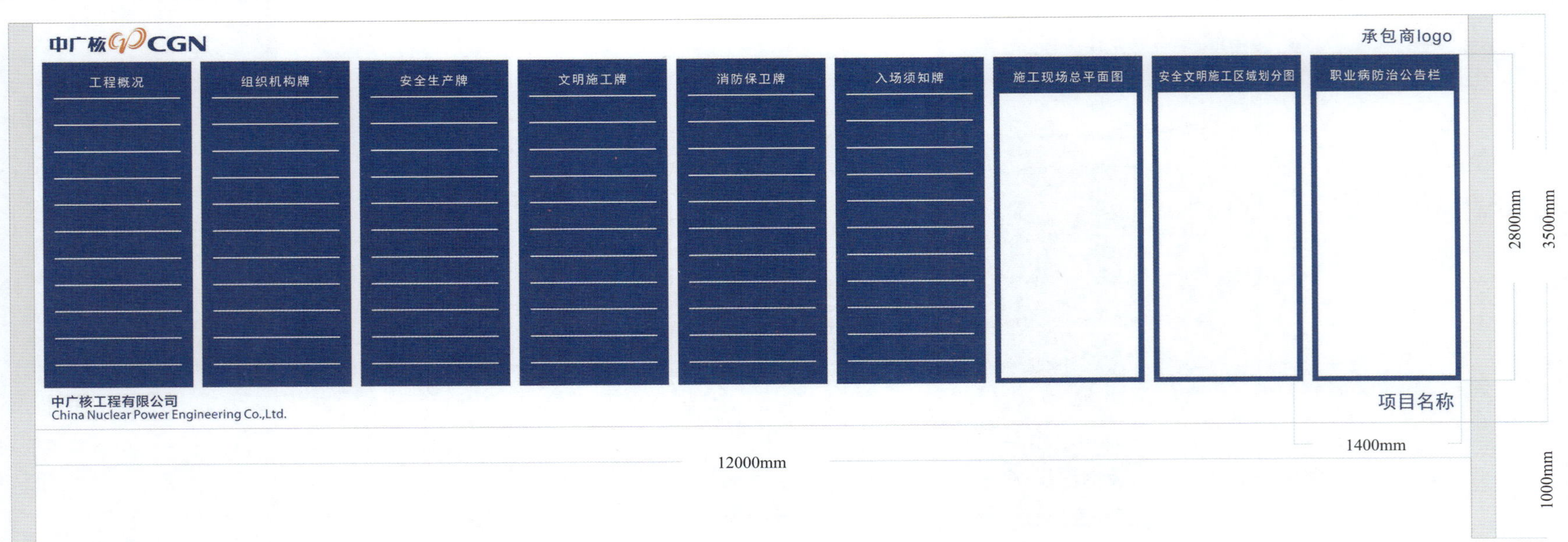

2.宣传栏

用　　途：适用于厂区安全文明施工宣传，内容根据实际需要编写。

材　　质：不锈钢钢管、金属制背板等。

尺　　寸：单个宣传栏尺寸推荐2000mm×2500mm。

宣传栏

2500mm

2000mm

3.标语横幅

颜　　色：横幅颜色为红底白字，其他标语颜色符合企业品牌标准色要求。

材　　质：条幅采用“国旗红”绸布制作，字体印刷采用丝网印刷，保证雨水冲刷不掉。

尺　　寸：横幅绸布3000mm×1000mm，字体高度530mm。其他宣传标语推荐尺寸500mm×700mm。

中广核 CGN
中广核工程有限公司
China Nuclear Power Engineering Co., Ltd.

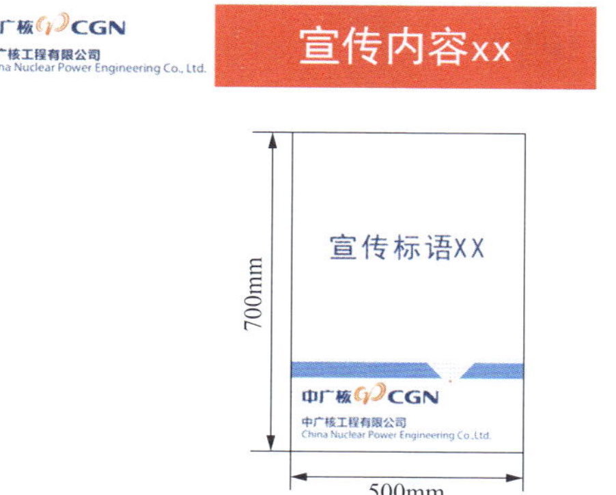

承包商logo

4.外挂旗帜

颜　　色：适用于厂区道路两侧悬挂，内容根据实际需要编写。

材　　质：旗帜用布料。

尺　　寸：单个尺寸推荐400mm×1200mm。

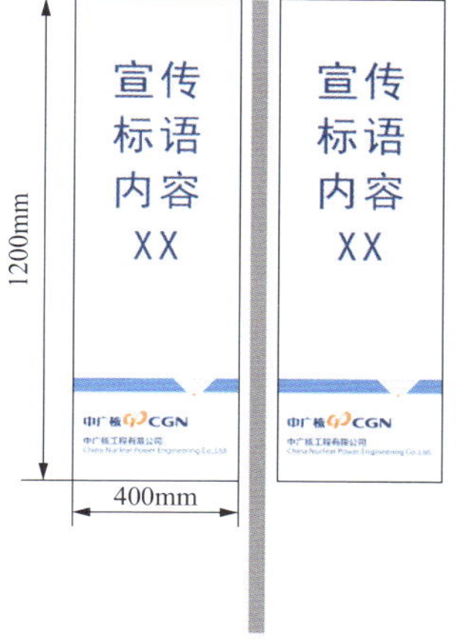

1.6 劳动防护用品

1.6.1 基本要求

（1）进入施工场地人员需要配备安全帽、工作服和安全鞋；

（2）工作服上需要有企业的标识及名称，须设反光条；

（3）应为施工人员配备合格、统一的工作服，严禁穿短袖、短裤、裙装、拖鞋以及衣衫不整者进入现场；

（4）人员应根据作业场所危害，结合个体防护装备的防护部位、防护功能、适用范围和防护装备对作业环境和使用者的适合性，选择合适的个体防护装备。

参考标准：《个体防护装备配备规范　第1部分：总则》（GB 39800.1—2020）

《建筑施工作业劳动防护用品配备及使用标准》（JGJ 184—2009）

1.6.2 防护服装

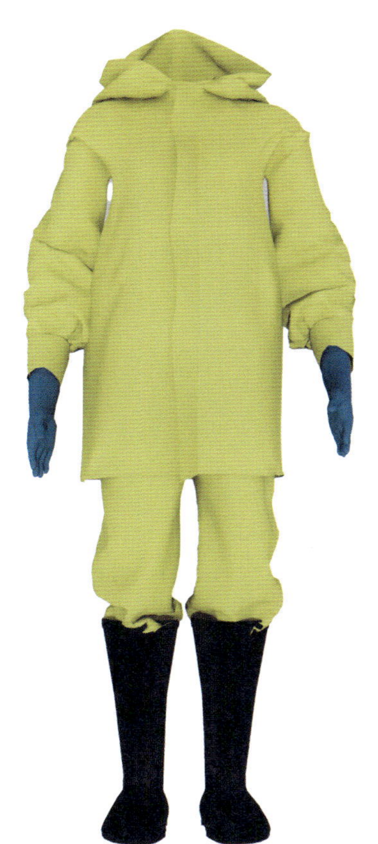

佩戴要求：

电焊作业、酸洗钝化作业等有特殊要求的作业活动应穿特殊防护服。

参考标准：《个体防护装备配备规范 第1部分：总则》（GB 39800.1—2020）
《防护服装 化学防护服》（GB 24539—2021）
《防护服装 隔热服》（GB 38453—2019）
《防护服装 焊接服》（GB 8965.2—2022）
《防护服装 化学防护服的选择、使用和维护》（GB/T 24536—2009）

1.6.3　头部防护

安全帽

本产品符合 GB 2811—2019

产品名称：安全帽

产品使用期限：自生产日起30个月

永久性标识：

采购的安全帽应有安全帽型号、产品执行标准、生产日期、使用期限等永久性标识。

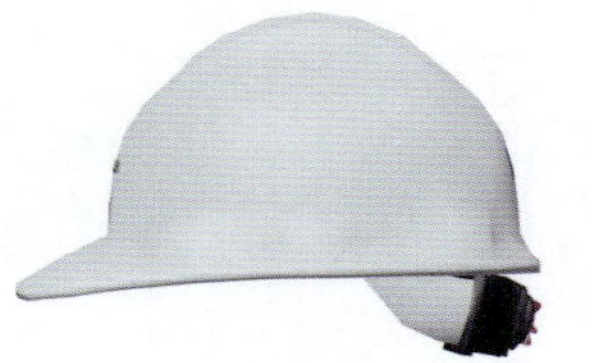

管理人员

安全/质量监督人员

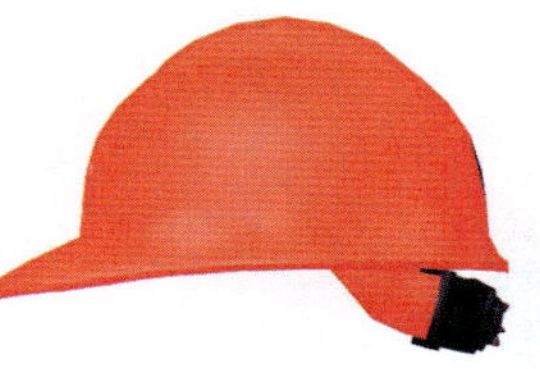

参观/临时入场人员

颜色：

安全帽以不同颜色区分使用者。

参考标准：《头部防护　安全帽》（GB 2811—2019）

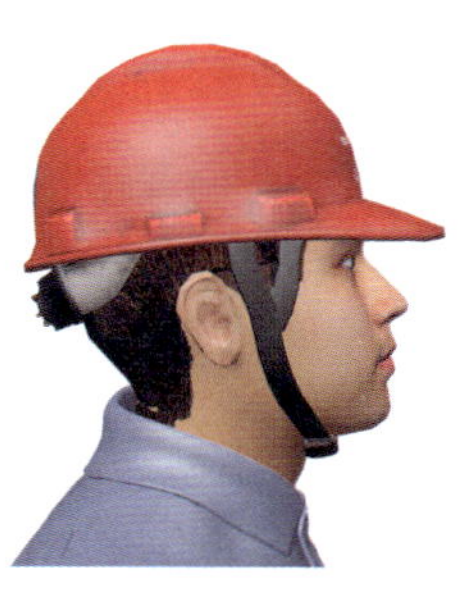

外观：

（1）安全帽正面印刷企业标志；

（2）后方粘贴人员识别帽贴（帽贴的内容包括企业名称、姓名、部门/班组、编号等）。

佩戴要求：

（1）应将内衬圆周大小调节到对头部稍有约束感，不系下颚带低头时安全帽不会脱落为宜；

（2）必须系好下颚带，下颚带应紧贴下颚；

（3）女士戴安全帽时应将头发放进帽衬。

使用要求：

（1）使用前安全检查：

安全帽的外观是否有裂纹、凸凹不平、磨损，帽衬是否完整；帽衬的结构是否处于正常状态。

（2）使用过程中不得随意在安全帽上拆卸或添加附件。

参考标准：《头部防护　安全帽》（GB 2811—2019）

1.6.4 手足部防护

1.6.4.1 足部防护

安全鞋

施工人员进入现场必须穿安全鞋，安全鞋装有防砸内包头，鞋底有防穿刺功能。

防滑鞋

施工人员进入现场必须穿安全鞋，安全鞋装有防砸内包头，鞋底有防穿刺功能。

绝缘鞋

（1）存在触电风险的作业应穿绝缘鞋；

（2）使用前应进行检查，存在破损、漏洞不得使用；

（3）每半年应做一次绝缘性能检测。

参考标准：《个体防护装备配备规范　第1部分：总则》（GB 39800.1—2020）
《足部防护　安全鞋》（GB 21148—2020）
《个体防护装备　足部防护鞋（靴）的选择、使用和维护指南》（GB/T 28409—2012）
《足部防护　足趾保护包头和防刺穿垫》（GB/T 28288—2012）
《建筑施工作业劳动防护用品配备及使用标准》（JGJ 184—2009）

1.6.4.2 手部防护

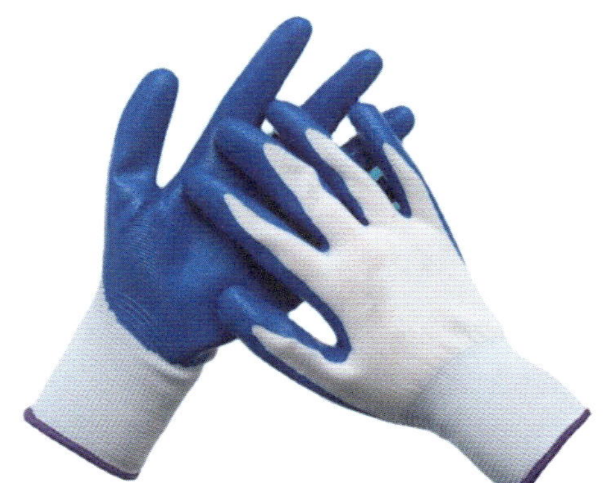
耐磨劳保手套

焊工专用手套

（1）从事有划破手部风险的作业应佩戴防护手套；
（2）焊工进行焊接作业时应佩戴焊工专用手套；
（3）电工进行带电作业时应佩戴绝缘手套；
（4）手部接触酸、碱时应佩戴耐酸碱手套。

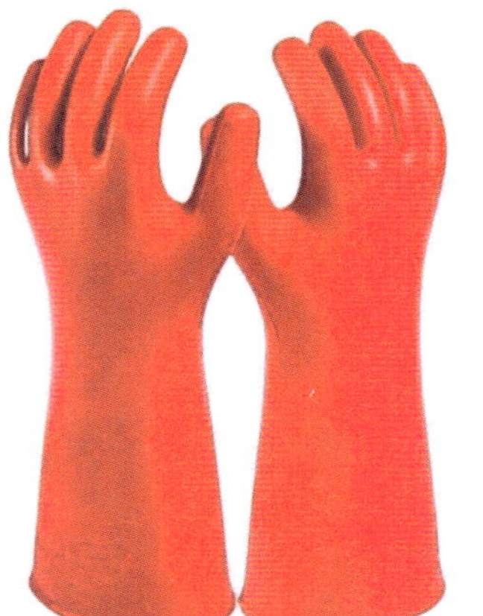
电工绝缘手套

耐酸碱手套

参考标准：《个体防护装备配备规范　第1部分：总则》（GB 39800.1—2020）
《足部防护　安全鞋》（GB 21148—2020）
《个体防护装备　足部防护鞋（靴）的选择、使用和维护指南》（GB/T 28409—2012）
《足部防护　足趾保护包头和防刺穿垫》（GB/T 28288—2012）
《建筑施工作业劳动防护用品配备及使用标准》（JGJ 184—2009）

1.6.5 眼面部防护

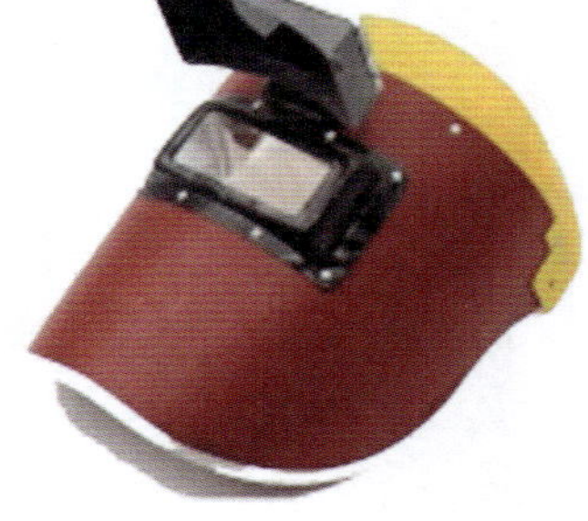

一般防护面罩

（1）角磨机或砂轮切割机作业人员应佩戴防护面罩，焊接作业应佩戴焊接面罩；

（2）从事除锈、凿毛等作业时，应根据需要佩戴护目镜或防护面罩。

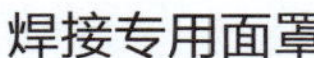

焊接专用面罩

护目镜

参考标准：《个体防护装备配备规范　第1部分：总则》（GB 39800.1—2020）
《眼面防护具通用技术规范》（GB 14866—2023）
《个体防护装备　眼面部防护　激光防护镜》（GB 30863—2014）
《个体防护装备　眼面部防护　职业眼面部防护具　第1部分：要求》（GB 32166.1—2016）
《眼面部防护　强光源（非激光）防护镜　第1部分：技术要求》（GB/T 38696.1—2020）
《建筑施工作业劳动防护用品配备及使用标准》（JGJ 184—2009）

1.6.6 听力、呼吸防护

1. 防护耳塞/耳罩

模板加工、管道切割、空压机作业等噪声场所作业，环境噪声强度≥85dB的场所应佩戴防噪声耳塞。

2. 防护口罩/呼吸器

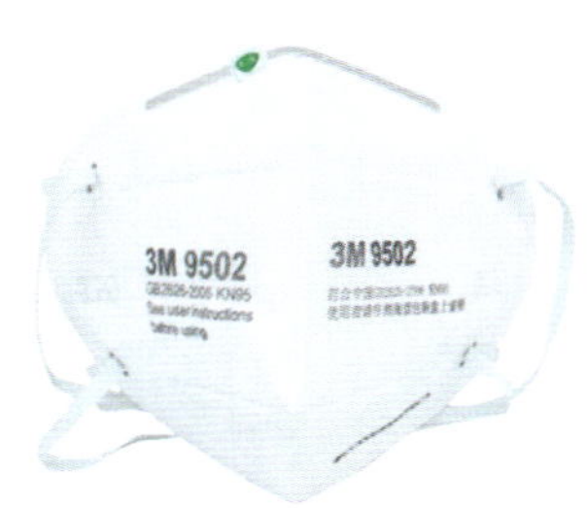

防尘口罩

自吸过滤式防颗粒物呼吸器

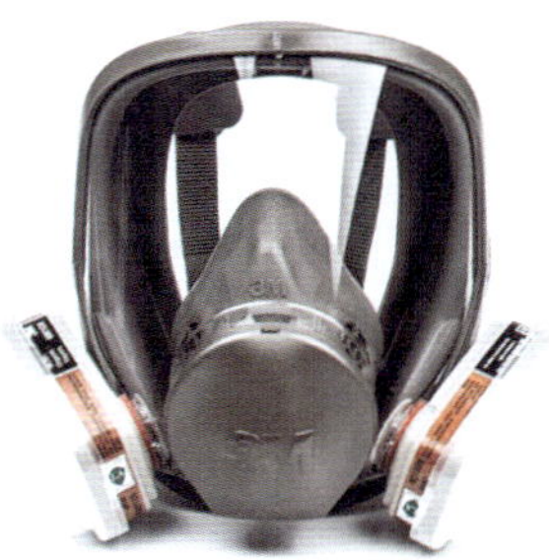

全面罩

从事除锈、凿毛、吹扫、石料加工等产生飞屑和粉尘的作业时，应配戴防尘口罩或呼吸器。

参考标准:《个体防护装备配备规范　第1部分：总则》(GB 39800.1—2020)
《呼吸防护　自吸过滤式防颗粒物呼吸器》(GB 2626—2019)
《个体防护装备　护听器的通用技术条件》(GB/T 31422—2015)
《建筑施工作业劳动防护用品配备及使用标准》(JGJ 184—2009)

1.6.7 坠落防护

1.6.7.1 坠落防护用品

1. 基本要求

高处作业（距坠落高度基准面2m或2m以上）人员应按规定正确佩戴和使用合格的高处作业安全防护用品、用具。

2. 安全带

安全带选择

安全带应符合国家标准的技术和检验要求，进场应查验安全带的生产日期、生产许可证、产品合格证、检验证；

高处作业时，应根据坠落防护需求选择合适坠落悬挂用安全带。

挂点选择

安全带应拴挂于牢固的构件或物体上，应防止挂点摆动或碰撞；挂点必须可靠，能够承受不低于22kN（2200kg）的重量。

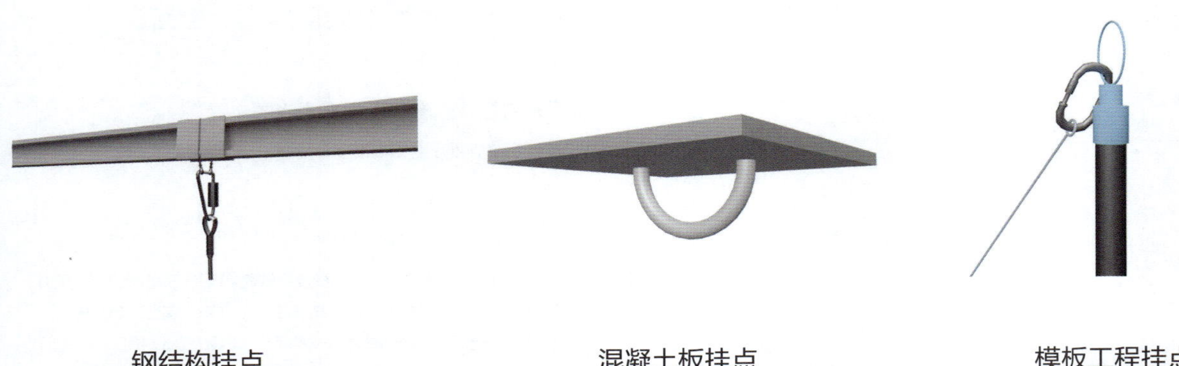

钢结构挂点　　混凝土板挂点　　模板工程挂点

坠落悬挂用安全带

3. 水平生命线系统

水平生命线系统由水平生命线装置及配套使用的其他坠落防护装备（安全绳及缓冲器、安全带系带等）所组成，适用于高处作业需水平移动的坠落防护。

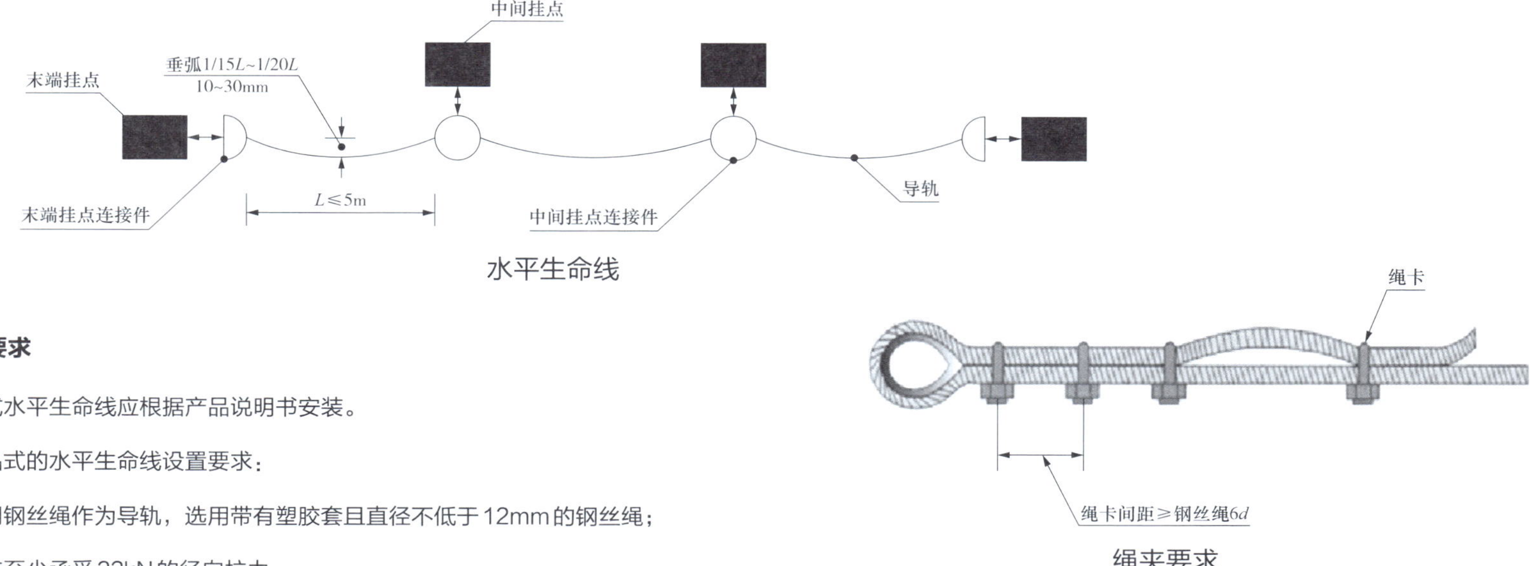

水平生命线

绳夹要求

设置要求

成品式水平生命线应根据产品说明书安装。

非成品式的水平生命线设置要求：

若使用钢丝绳作为导轨，选用带有塑胶套且直径不低于12mm的钢丝绳；

挂点应至少承受22kN的径向拉力；

末端挂点钢丝绳端部固定连接应使用绳夹。

参考标准：《坠落防护　水平生命线装置》（GB 38454—2019）

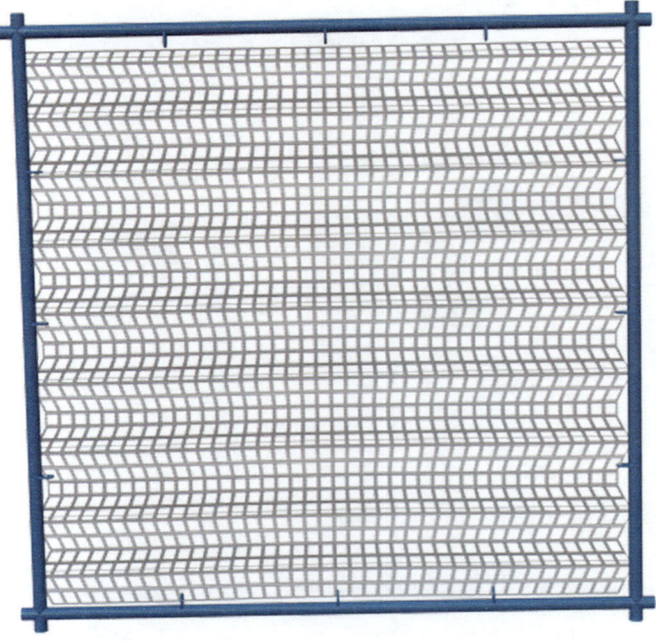

4. 安全平网

采购的安全平网应符合GB 5725的要求，阻燃能力应符合GB 5725的要求；

采用平网防护时，严禁使用密目式安全立网代替平网使用。

参考标准：《建筑施工高处作业安全技术规范》（JGJ 80—2016）
《坠落防护　安全带》（GB 6095—2021）

1.6.7.2 坠落防护用品使用

根据高处作业特点选择合适的安全带，主要如下：

作业特点	选择防护用品
大范围水平移动作业	全身式系带+安全绳及缓冲器
小范围水平移动作业	全身式系带+安全绳及缓冲器 全身式系带+防坠器
固定范围作业	全身式系带+安全绳及缓冲器 全身式系带+防坠器
垂直面上作业或上下移动	全身式系带+安全绳及缓冲器 全身式系带+防坠器 全身式系带+抓绳器

1. 系带 + 安全绳及缓冲器

（1）安全带必须高挂低用，安全绳与系带不能打结使用；

（2）在高空攀爬或移动过程中必须使用双钩安全带，移动、攀爬时，交替配挂，确保至少有一根安全绳挂在固定物件上；

（3）安全绳（含未打开的缓冲器）不应超过2m，不应擅自将安全绳接长使用，如果需要使用2m以上的安全绳，应采用自锁器或速差式防坠器。

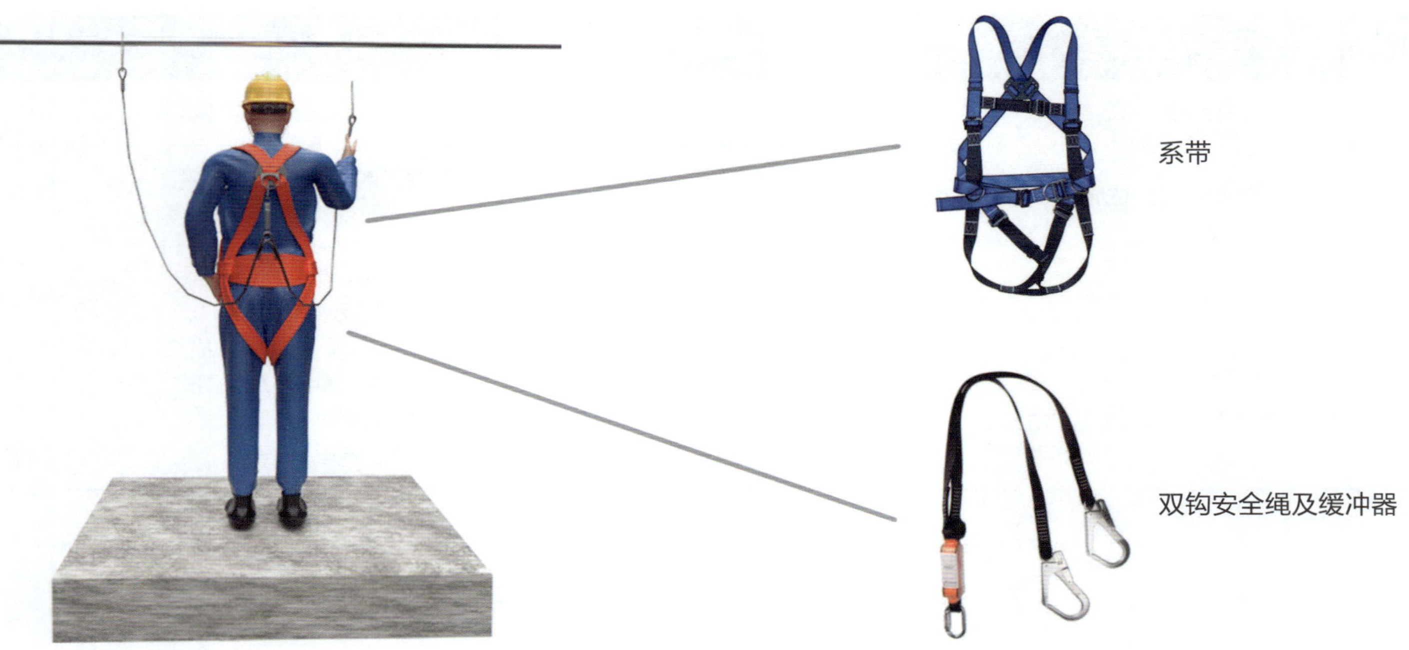

参考标准：《坠落防护　安全带》(GB 6095—2021)

2. 系带＋速差自控器（防坠器）

（1）速差自控器必须高挂低用；

（2）在弧面上高处作业时，不得选用速差自控器；

（3）使用速差自控器进行倾斜作业时，原则上倾斜度不超过30°；

（4）防坠器安全绳使用完后应缓慢回收，禁止快速放回。

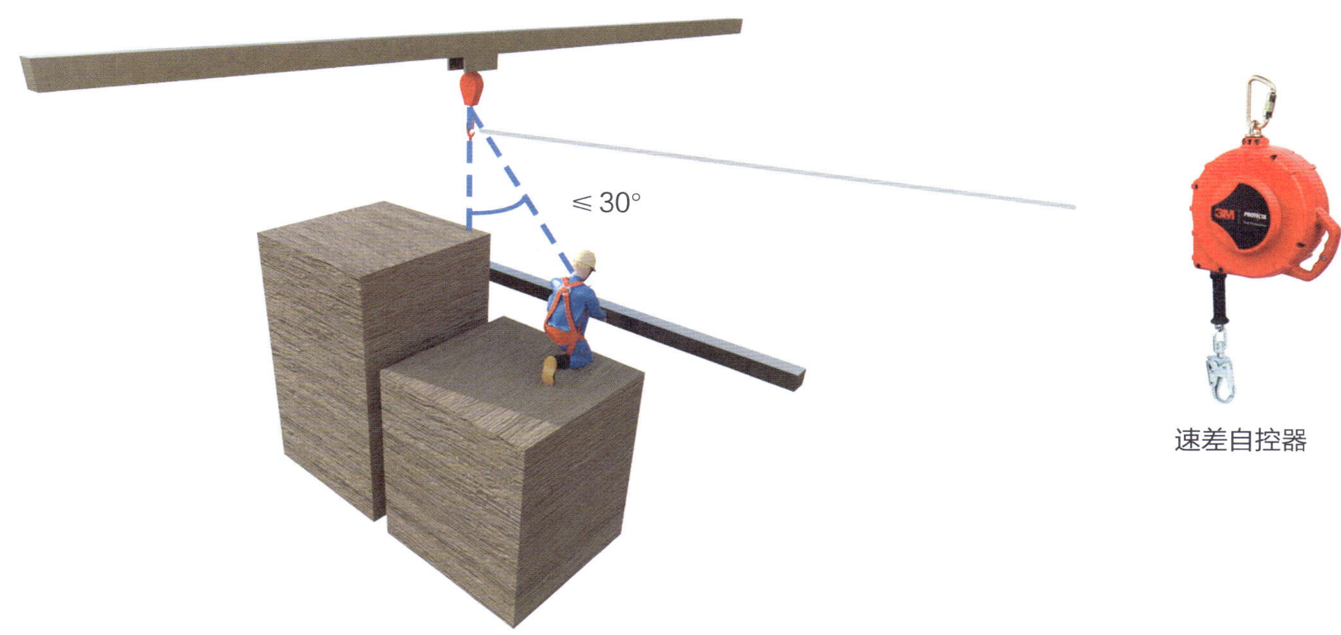

速差自控器

参考标准：《坠落防护　速差自控器》（GB 24544—2009）

3. 系带 + 自锁器（抓绳器）+ 导轨

（1）自锁器的导轨应垂直放置，上下两端固定牢固，上下同一保护范围内严禁有接头，导轨与设备构架的间距应能满足自锁器灵活使用；

（2）自锁器方向朝上，安全钩、保险处于闭锁状态，手柄置于工作位；

（3）自锁器安装完成后检查应急锁功能，确认保险完好无误后方可使用；

（4）一条导轨只能用于保护一名作业人员，禁止挪作他用。

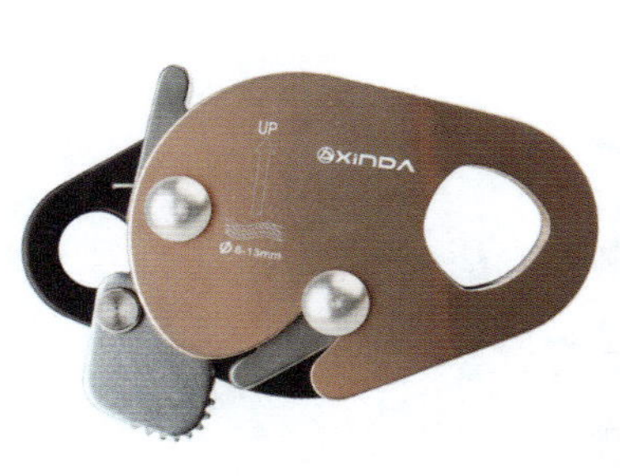

导轨

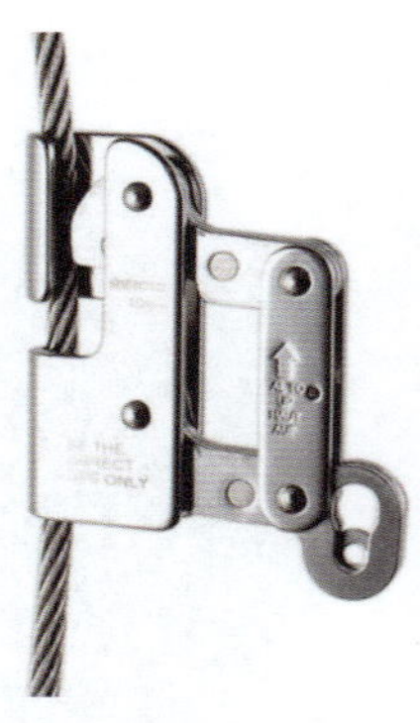

导轨 + 自锁器

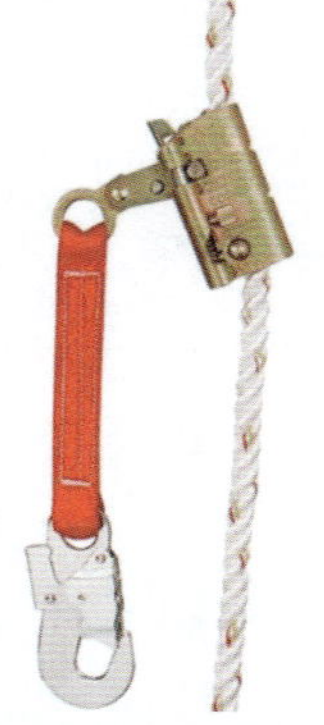

导轨 + 自锁器 + 连接绳钩

参考标准：《坠落防护　带柔性导轨的自锁器》（GB/T 24537—2009）

2 陆上作业篇

2.1 安保与出入控制

2.1.1 临时大门和周界

2.1.1.1 临时大门

1. 岗亭（见图中①）

功　　能：为室外执勤警卫避暑驱寒、遮风挡雨。

材　　质：钢结构和钢化玻璃。

2. 道闸（见图中②）

功　　能：出入口处限制机动车行驶。

3. 警卫室（见图中③）

功　　能：警卫备勤、休息、办公，存放执勤所需的装备、工具和设备。

材　　质：钢结构与铁皮组成的临时集装箱或活动板房。

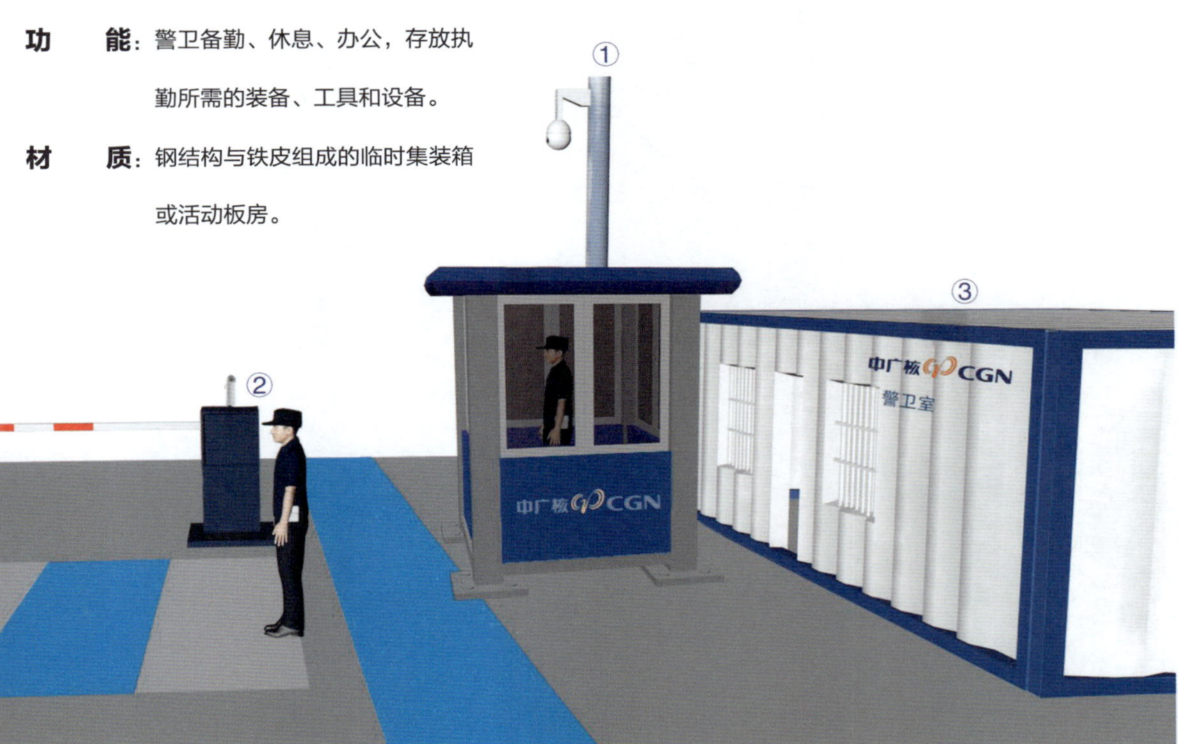

2.1.1.2 周界防护

1. 围网

尺　　寸：高度≥2m。

网格材质：低碳钢丝表面浸塑处理。

立柱材质：低碳钢管、不锈钢管和铝合金。

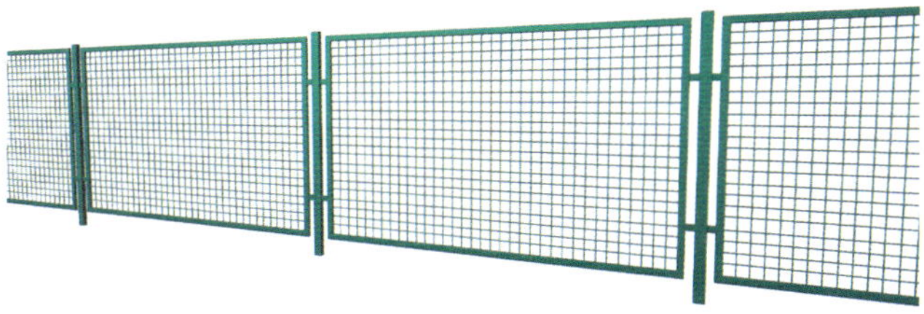

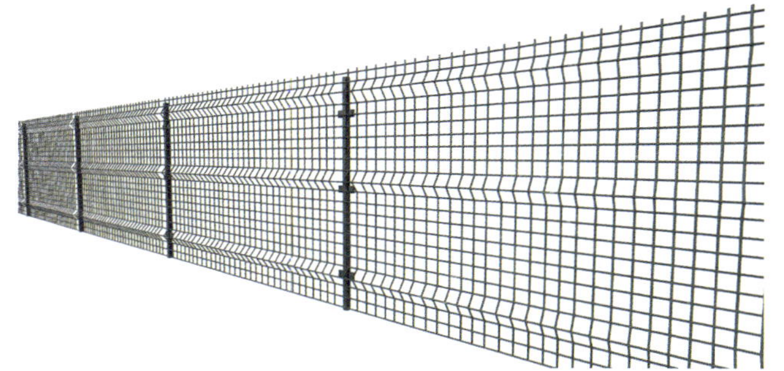

2. 围挡

尺　　寸：高度≥2m。

网格设置：采用高强度PVC板。

立柱设置：PVC立柱，内置铁方管。

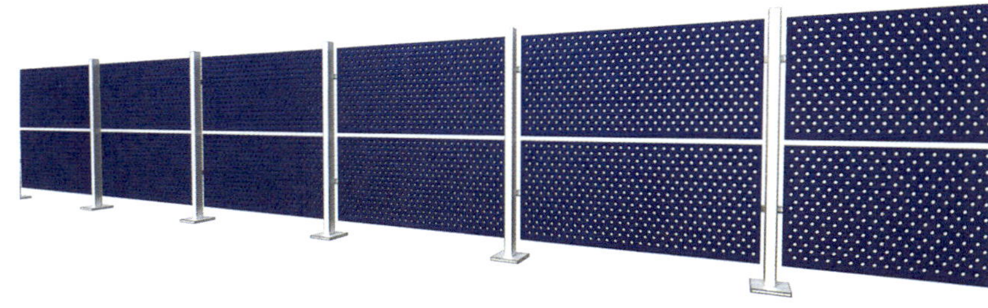

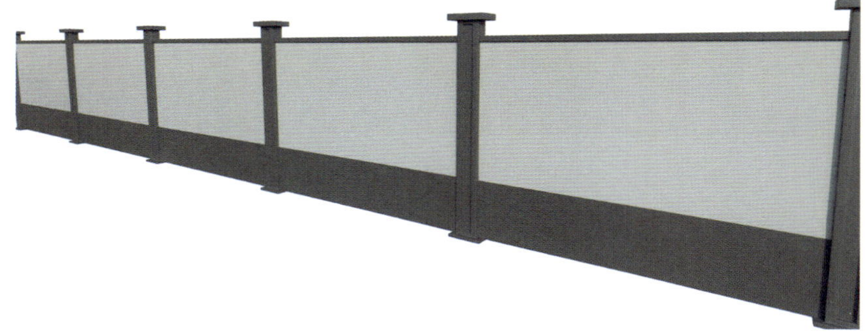

2.1.2 门禁与监控

2.1.2.1 门禁系统

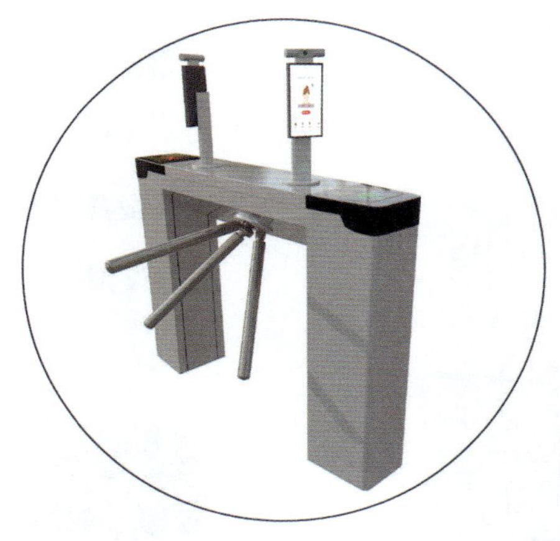

门禁系统采用人脸识别加卡证识别并行的验证方式。前端闸机通行，加载卡证和人脸识别平板联动，对通行人员进行身份比对和核验，同步自动记录人员出入时间，与后台人员管理模块对接，实现人员出入权限控制。

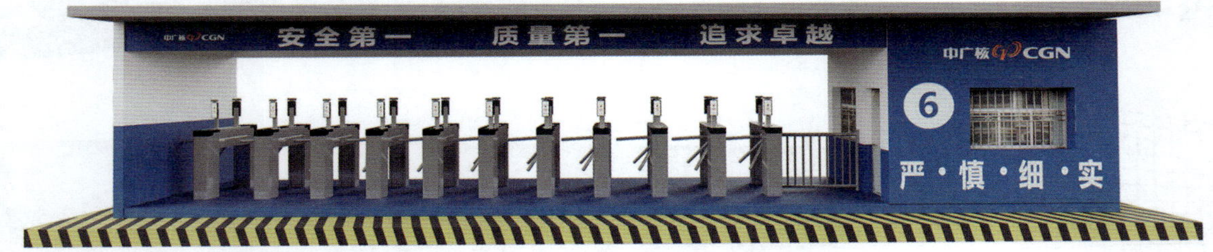

2.1.2.2 现场监控布置

基本要求

根据需求配置合适的摄像机：

（1）球机具有较好的旋转和变焦功能，可以远程控制，能够实现全方位的监控。常用于需要大范围监控的场合，如开阔的公共广场、商场、停车场等。

（2）枪机镜头可以更换，实现远距离监控或广角监控，适合于细节捕捉。常用于固定位置的监控。适合于需要固定视角的场景，如走廊、门口、街道等。

（3）鹰眼球机结合了高清摄像和智能分析技术，常用于需要高清细节捕捉和智能监控的场合，如交通监控、大型活动现场等。

球机　　枪机

鹰眼球机

2.1.2.3 执法记录仪

基本要求

配备对象：日常执勤警卫。

性　　能：续航满足一班次巡检时长；

防水等级不低于P6级标准；

集摄像、照相、录音功能于一体，具备现场回放和存储数据加密功能。

2.1.3 安保装备

2.1.3.1 安保器材配备

1. 安保八件套

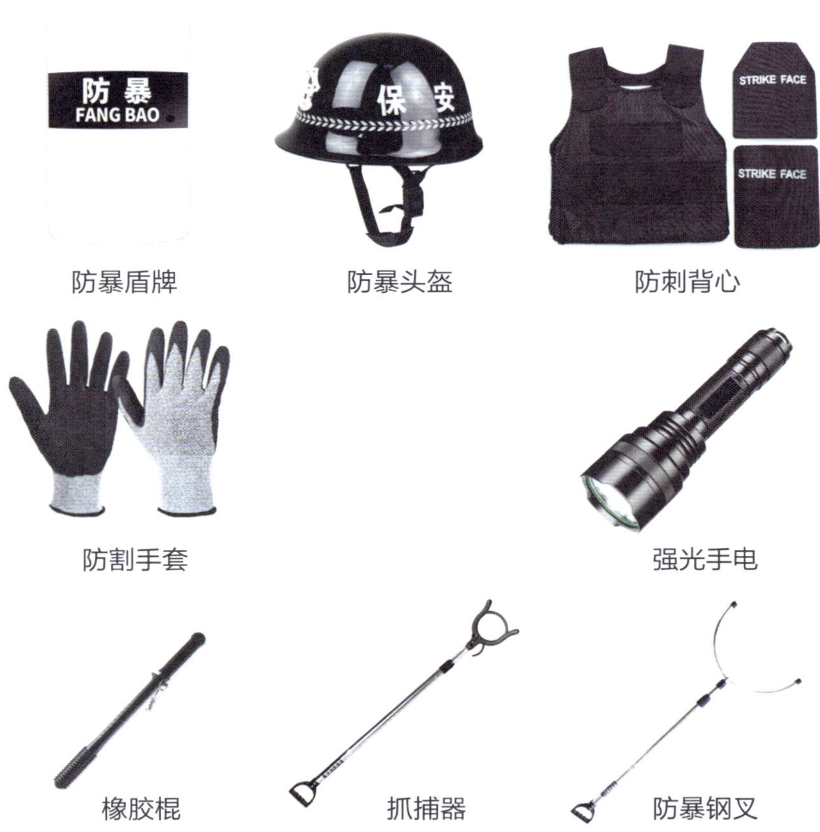

防暴盾牌　防暴头盔　防刺背心

防割手套　强光手电

橡胶棍　抓捕器　防暴钢叉

2. 防暴装备架

材　　质：冷轧钢板。

功　　能：可拆卸，便于收纳，整齐摆放各种防暴装备。

装备配置：配备安保八件套。

2.2 现场道路

2.2.1 道路规划基本要求

1. 车道（见图中①）

路面设置：

混凝土路面或沥青路面应具有足够的强度和稳定性，路面平整、密实，具有路面刻纹或振荡型标线等防滑措施，并符合设计要求。

当土石方道路为临时道路，要求路面铺设碎石的整齐块石，路面应具有足够的强度和良好的稳定性，表面平整、密实、粗糙度适当。

宽度、坡度、转弯半径：

单车道宽度不小于4.5m，双车道宽度不小于8m，且符合下表要求。

道路类别	路面宽度（m）	坡度		转弯半径（m）	
		纵坡	横坡	交叉口路面内边缘最小转弯半径	最小圆曲半径
主干道	7~9	≤6%	宜1%~2%	12	行驶单辆汽车时：不宜小于15；行驶拖挂车时：不宜小于20
次干道	6~7	≤8%		9	
支道	3.5~4.0	≤9%		9	
车间引道	与车间大门宽度相适应	≤9%		—	

2. 人行通道（见图中②）

道路需硬化50mm厚混凝土的双向人行道，人行道宜铺设蓝色防滑颗粒。

人行通道宽度符合下表要求，当人行通道宽度超过1.5m时，宜按0.5m的倍数递增。

设置区域	宽度
沿主干道	1.5m
其他	≥0.75m

3. 混凝土挡墙（见图中③）

路侧临边的道路应设置钢筋混凝土挡墙。

4. 两侧防护（见图中④）

道路两侧安装波形护栏。

5. 围栏设置（见图中⑤）

人行道与车行道应设配件式钢管围栏隔离且连贯。

6. 排水设施（见图中⑥）

混凝土路或沥青道路侧应根据设计设置排水沟并加装盖板，土石方路侧排水沟净空不得小于40cm×40cm。

参考标准：《城市道路交通设施设计规范》（GB 50688—2011）
《厂矿道路设计规范》（GBJ 22—1987）
《城市道路工程设计规范》（CJJ 37—2012）

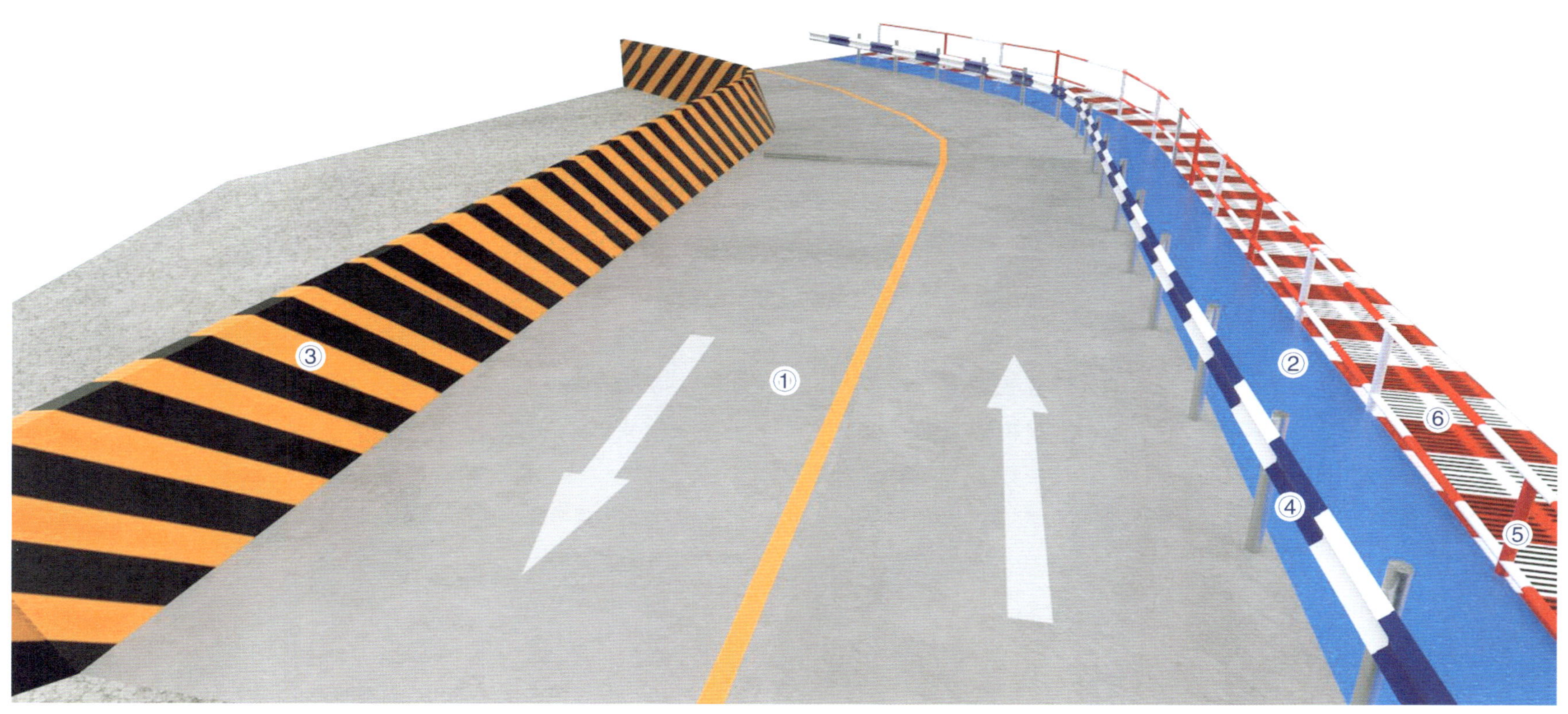
③
①
②
⑥
④
⑤

2.2.2 道路附属设施

1. 交通信号灯

设置于十字交叉路口、施工路段、主干道等位置，可根据需要安装固定式或移动式交通信号灯。

2. 测速装置

设置在主要道路，用于实时监控现场车辆是否超速。可根据需要安装固定式或移动式车辆电子测速仪。

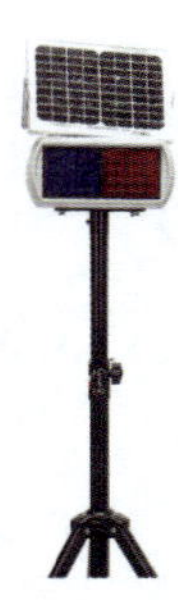

3. 爆闪灯

设置在连续下坡路段、道路交汇口等危险路口或事故多发路口，提高路口的辨识度。

4. 交通安全岛

设置在往返车行道之间，供行人横穿道路临时停留的交通岛。

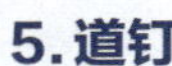

5. 道钉

设置于道路标线中间或双黄线中间，提醒驾驶员按车道行驶。

6. 减速带

设置于车况复杂路口及容易引发交通事故的路段，使车辆控制车速。

7. 转角镜

安装于道路转角处，可扩大驾驶员视野，及时发现弯道对面的车辆及行人。

8. 道路标线、标志

道路交通标志和标线符合 GB 5768的要求。

参加标准：《城市道路交通设施设计规范》(GB 50688—2011)

40

9. 场内护栏

适用范围：厂房道路的防护。

设置要求：设置在起始点、交通分流处三角地带以及隧道入、出口处等位置，应进行便于失控车辆安全导向的端头处理；护栏从路面到护栏顶部的高度宜为1m。

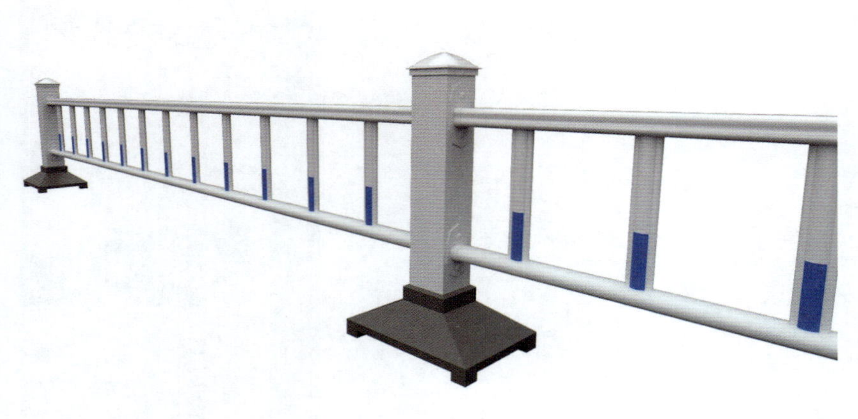

10. 隔离防护栏杆

适用范围：非主干道人车分流、其他区域人行道隔离。

设置要求：隔离防护栏杆高度为1.2m，立柱及上横杆采用DN63mm钢管，中下横杆采用DN32mm钢管。

钢管面刷500mm蓝白/红白相间油漆。

立柱采用膨胀螺栓固定。

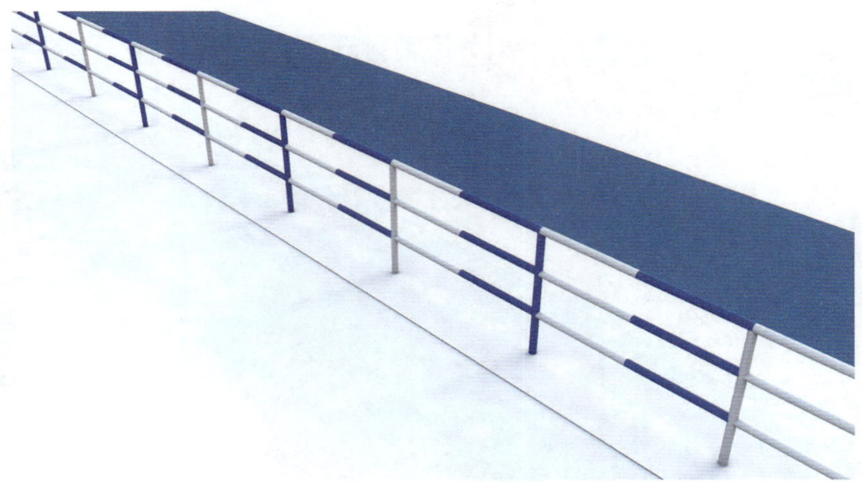

11. 隔离墩护栏

适用范围：道路（口）临时封闭、交通管制、道路两侧等防护。

设置要求：水泥墩采用混凝土结构，表面刷红白反光油漆，中心间距为3m。水泥墩间安装钢管2根，钢管刷300mm的红白相间反光漆，水泥墩正背面刷上红白反光油漆，顶上喷有“临边危险”提示语。

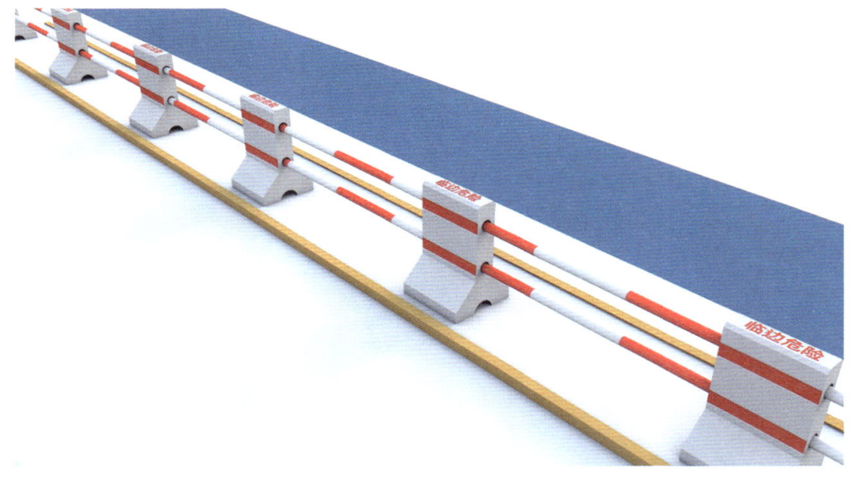

12. 防撞墩

适用范围：道路侧边有排洪沟、人行道、边坡等区域。

设置要求：防撞墩为钢筋混凝土结构，表面刷黄黑相间反光油漆。

尺　　寸：2m × 0.4m × 0.8m，间距1.5m。

13. 停车场

设置要求：地面宜采用透水混凝土地面或植草砖铺设。

应采用黄色油漆画出停车位，超过10个停车位时应当用白色油漆依序标明车位号。

场内应采用不低于1%的放坡，设置排水沟。

区域内应设置交通导行、限速等交通安全标志。

场内应配置灭火器等消防设施。

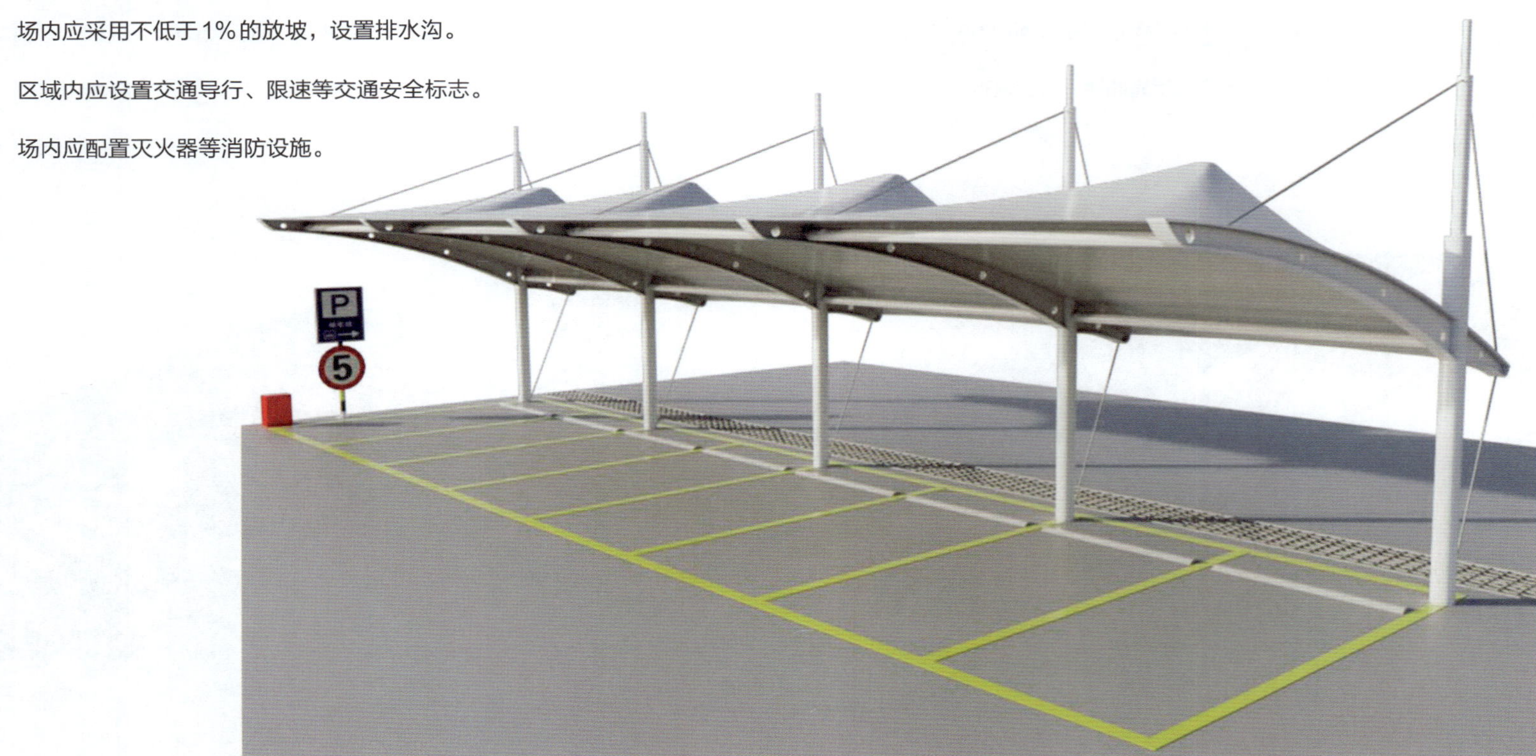

14. 班车停靠点

设置要求：现场设置班车停靠点，用于员工上下车候车使用。

停靠点应设置候车棚，规划专用候车通道。

地面划班车临时停靠车位标识，现场设置候车信息牌。

15. 临边挡坎

适用范围：临时运输道路应在临边侧设置临边挡坎，保障车辆运输安全。

尺　　寸：等边梯形设置。

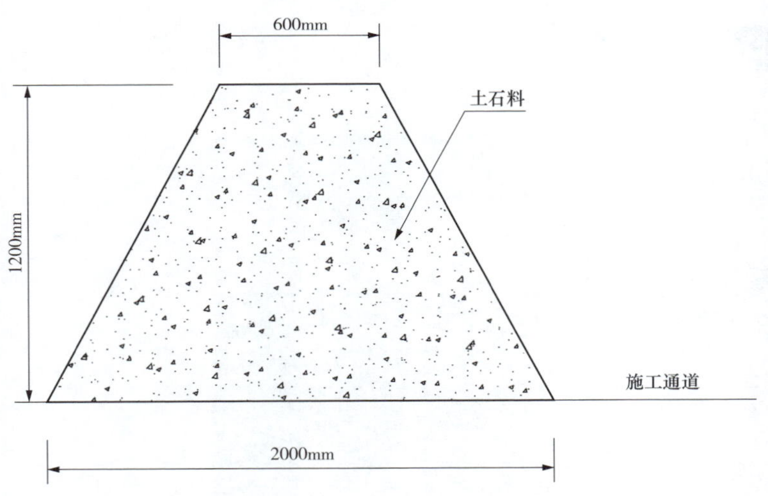

2.3 现场疏水管网

1. 排洪沟

材　　质：水沟壁和地板均须使用混凝土浇筑。

设置要求：道路排水应防、排、疏结合，并与路面排水、路基防护、地基处理及特殊路基地区的其他措施相结合。

2. 临时排洪沟

材　　质：排洪沟表面使用混凝土喷护。

设置要求：排水能力、设计流量应大于场地的最大降雨量，同时考虑降雨的频率和持续时间。

3. 集水井

设置要求：集水井周边使用红白防护围栏或使用盖板防护。

2.4 现场照明

1.灯架

基本要求

夜间施工作业区域最低照度不低于50lx照度，否则应增加临时照明设施。照明灯具悬挂高度不低于2.5m，受条件限制无法满足高度要求的应增设保护措施。

规　　格：各施工工地可根据实际需要自制灯架或购买成品灯架。

设置要求：自制灯架应编制搭设方案，按照方案搭设和使用，架体设有防止人员坠落的措施。

顶部有满足1人安全作业的空间。

户外灯架应进行防台加固和接地。

2.高杆灯

设置要求：各施工工地根据实际采购成品高杆灯。

高杆灯应按照出厂说明进行安装固定，高杆灯应进行防台加固和接地。

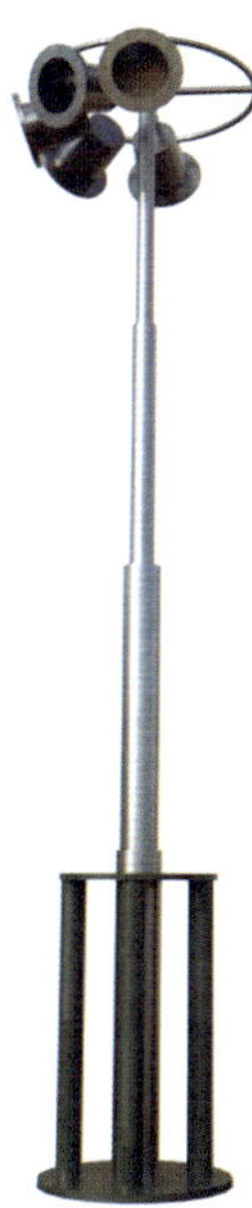

3. 移动照明灯

规　　格：受限空间照明电压应小于或等于36V；

在潮湿容器、狭小容器内作业电压应小于或等于12V；易燃易爆场所灯具选择应满足 GB 3836的要求。

性　　能：防水等级不宜低于IP65。

4. 灯带

规　　格：一般室内施工场所采用220V电源，特殊场所应采用安全电压。

适应范围：用于现场人员通道施工搭设的满堂脚手架下方、集装箱等区域的临时照明。

设置要求：照明线路应设置架空保护，不允许使用导电体绑扎电线，应使用绝缘的扎带或绝缘扎线绑扎。

2.5 办公区

整体外观：办公区应设置围挡或围网，如用围网建议使用绿色。

应有明确的功能分区，如管理人员办公室、会议室、接待区、资料存储区等。

办公区域应与施工区域有明显的隔断。

办公室材质为钢结构与铁皮组成的临时集装箱或活动板房。建筑材料有一定的防火、防爆性能。

办公区域应设有必备的安全设施，如配备消防设施，灭火器、烟雾探测器等；紧急疏散通道和指示标志。

2.6 加工区

2.6.1 通用要求

设置要求：加工区按照实际需求进行分区规划，以钢筋加工区为例；

区域边缘刷黄色油漆，宽度以10cm为宜，区域通道刷绿色油漆，人行通道宽度不得低于120cm；

场区留主通道，便于倒运材料，宽度不得低于3.5m。

加工区应设置固定护栏围护，张贴区域责任信息牌和物料存放信息牌。

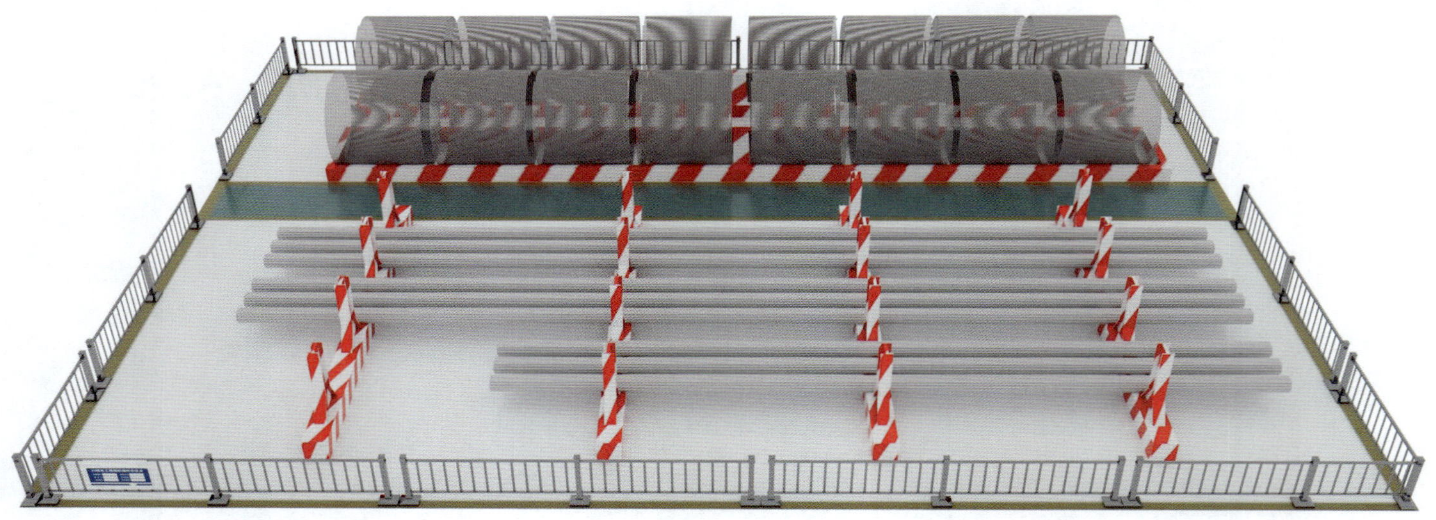

防护棚

设置要求：加工棚按照需求规划，确定尺寸；

采用方钢、螺栓连接形式，立柱采用埋地或地脚螺栓锚固；

加工棚在塔吊半径范围以内必须采取双层防护，满铺脚手板或模板，斜面铺设彩钢瓦等防雨材料；

现场张贴加工机械安全操作规程；

棚体四角拉设钢丝绳，须满足防台要求。

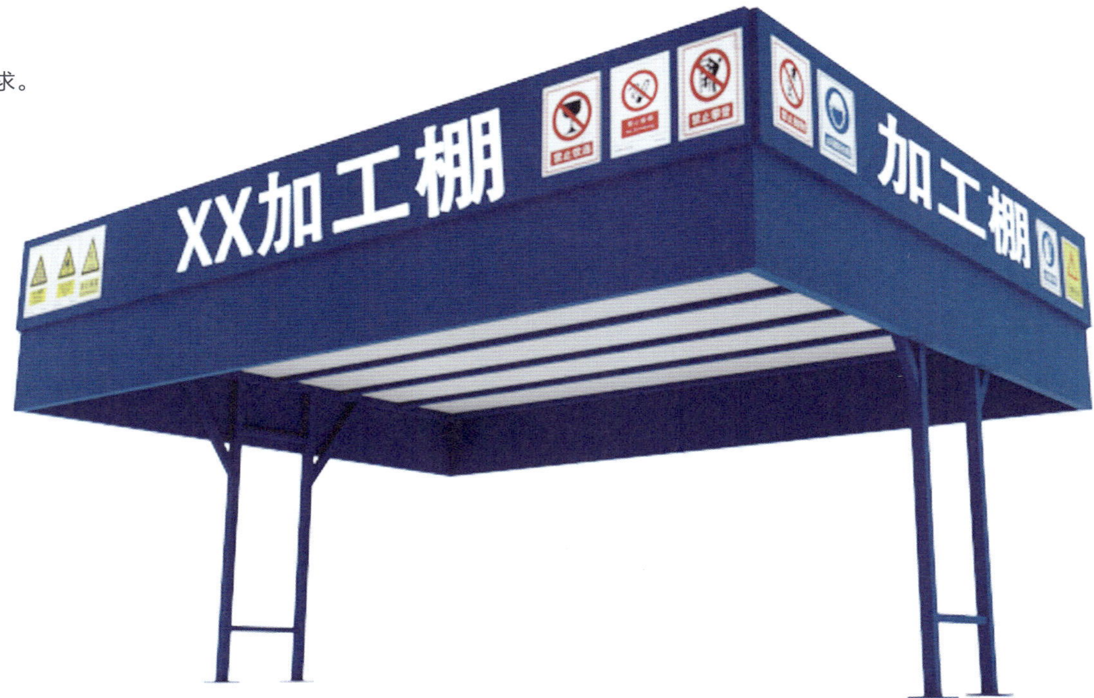

2.7 物料存放

2.7.1 钢筋堆场

通用要求：各类物料堆场应靠近加工棚；

堆场加工区域应采用固定围栏，并张贴物料存放许可；

户外存放的物料、临建设施应落实防台措施；

成品、半成品材料须码放整齐，物料叠放应落实防滑措施。

设置要求：原材堆放区宜设置在起重机械吊运范围内。

钢筋堆场面应平整夯实，并进行硬化。

1. 直条钢筋堆放

钢筋架表面刷黑黄警示漆。

钢筋应堆码整齐，不同型号应分开堆放，设置材料标识牌。

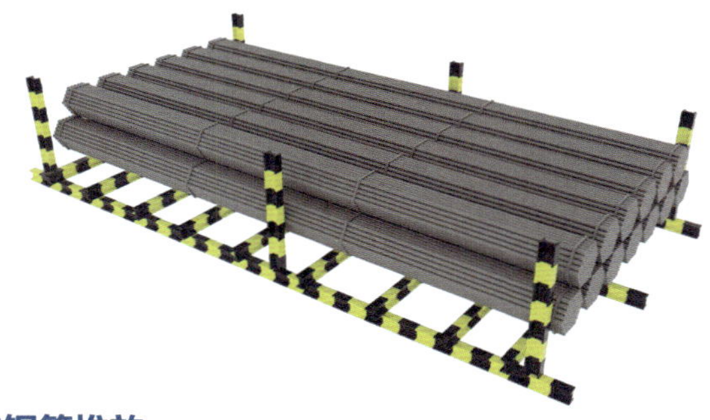

2. 盘状钢筋堆放

钢筋架使用型钢槽钢组合，刷黄黑警示油漆。

钢筋应堆码整齐，高度不超过2层，不同型号应分开堆放，设置材料标识牌。

3. 半成品堆放

分类堆放，底部垫木方或工字钢直接堆放，或设置工字钢加角钢的加工专用堆放架；

半成品材料堆放高度不超过1.2m，且应有防止倾倒的措施。

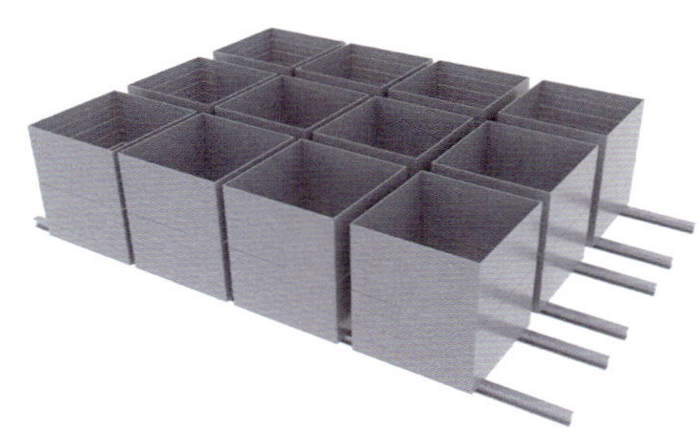

4. 钢筋废料处理

设置钢筋废料堆放区，位于加工区旁且靠近运输道路。

废料池由圆钢（制作吊耳）、角钢、钢板焊接后组合而成，便于组装拆卸运输及多次重复使用。

钢筋废料池设标识标牌。

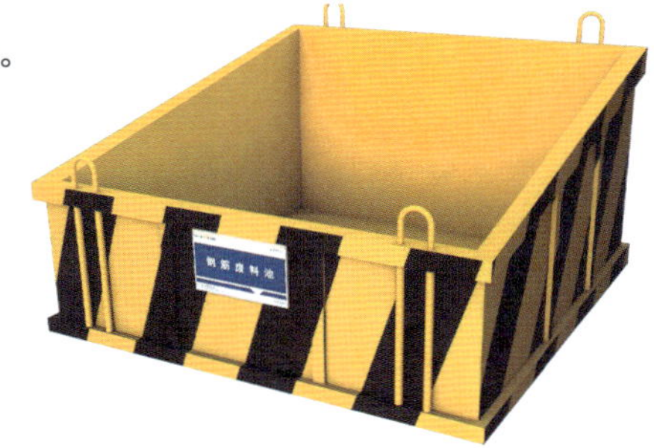

参考标准：《建筑施工安全检查标准》（JGJ 59—2011）

2.7.2 木方、模板堆场

设置要求：堆场应与木工加工棚同步配置，便于取材加工，模板木方应堆码整齐，不同规格应分开堆放。

堆放场地与建筑物间距宜大于10m，且模板木方堆点须在消防栓覆盖范围内，并配备灭火器等消防器材。

应设置防雨棚或防雨防火布，避免材料受潮变形。

参考标准：《建筑施工安全检查标准》（JGJ 59—2011）

1. 木方、模板堆放

用垫木架空堆放木方、模板，垫木沿模板短方向布置，堆放高度、垫木架空高度、垫木间距、模板两端悬空长度均不得超过限值。

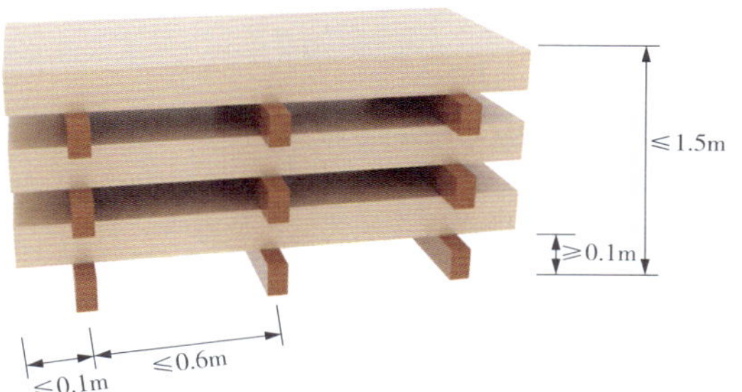

2. 大模板堆放

平　　放：对场地狭小的堆场，可设置定型化存放架或者用脚手架钢管搭设存放架进行竖向放置，存放架应经过专门验算，并挂验收合格牌。大型模板应摆放整齐，存放架上应设置走道板和防护栏杆。

叠　　放：对没有支撑或自稳角不足的大模板，应存放在专用的堆放架上或者平卧堆放，不得靠在其他模板或物件上，严防下脚滑移倾倒。平模板在规定位置码放整齐，码放高度不宜超过1.5m。

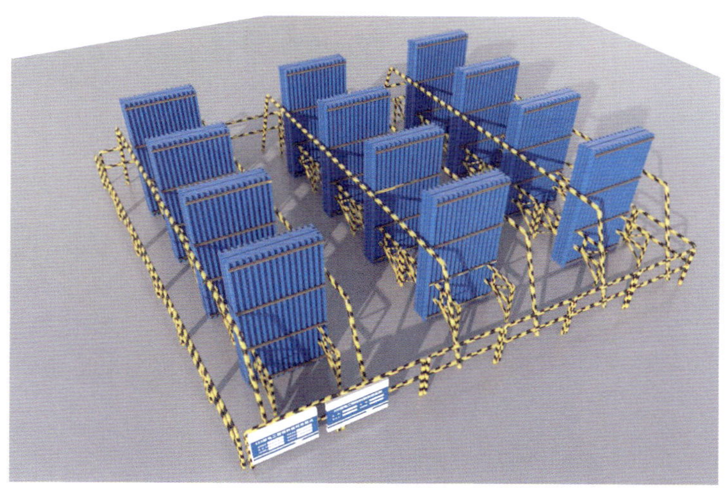

2.7.3 钢管、扣件堆场

设置要求：室外堆场需布置在塔吊覆盖范围内。

钢管堆场须留有空间及车辆出入口，以便叉车进出。

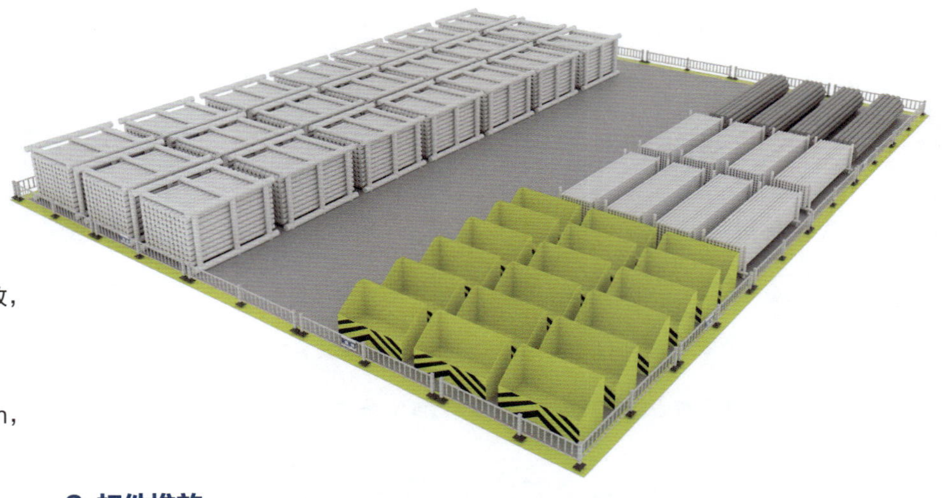

1. 钢管堆放

钢管应堆码整齐，普通钢管、盘扣、轮扣等不同种类规格型号应分开堆放，并配备材料标识牌。

长时间堆放时应打包成捆或使用钢管扣件搭设堆放架，高度不超过1.5m，长度根据不同规格钢管材料长度搭设。

盘口、轮扣等支模架钢管应使用同类材料搭设堆放架，高度不超过1.5m，长宽根据材料尺寸选定。

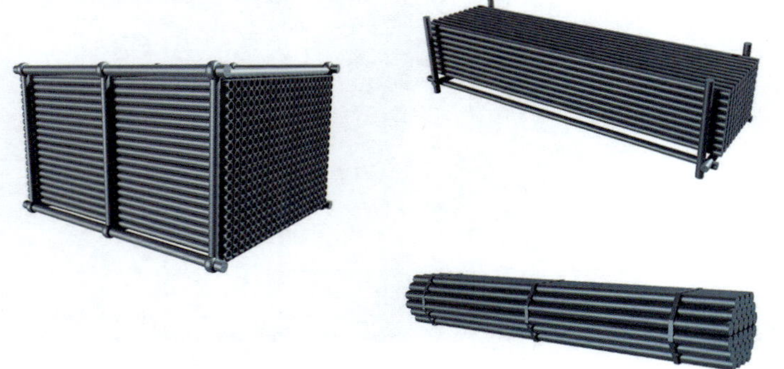

2. 扣件堆放

扣件应分旋转扣件、直角扣件、对接扣件、套管分类存放在相应扣件池中，并设置标识标牌。

扣件池使用四周加底部五片式钢板，底部设出水口，尺寸根据场地大小选择制作加工。

参考标准：《建筑施工安全检查标准》（JGJ 59—2011）

2.7.4 骨料堆场

设置要求：平面布置时应将砂石料、砂浆罐、水泥罐组合同步设置，且位于道路两侧位置，便于施工及运输。

砂石料应堆放在三面砌、内外抹 1:3 水泥砂浆的围护池中，表面用双层防尘网覆盖，禁止敞开堆放；围护池外侧上下刷黄黑警示线。

骨料堆放部位应设置材料标识标牌、职业危害告知牌（参考本图集 1.3 安全信息牌）。

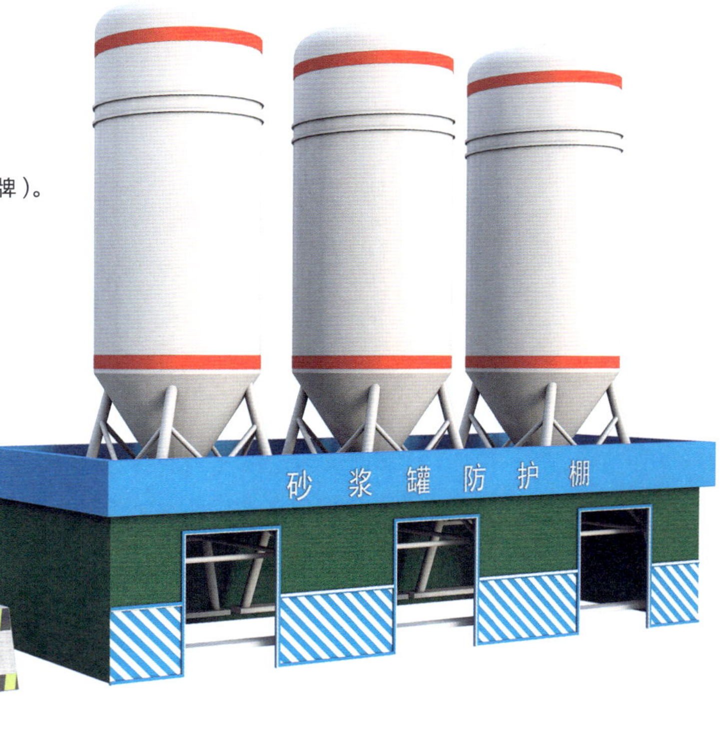

参考标准：《砌体结构工程施工规范》（GB 50924—2014）
《建筑工程绿色施工规范》（GB/T 50905—2014）

2.7.5 砌体堆放

设置要求：平面布置时应将砌体堆放区、砌块加工区组合同步设置，避免积水，且位于道路两侧靠近垂直运输机械位置。

距基槽或基坑边沿 2m 以内不得堆放物料，砌体材料堆置高度不应大于 1.5m，底部设置砖托，砌体施工时，应将各种材料按类别堆放，并应进行覆盖，加气混凝土砌块堆放过程中应防止雨淋。

设置砌体堆放防雨棚，防雨棚在塔吊及建筑物坠物范围内时，应设置双层防砸，防雨棚可使用定型化防护棚，也可使用防雨防火布苫盖。

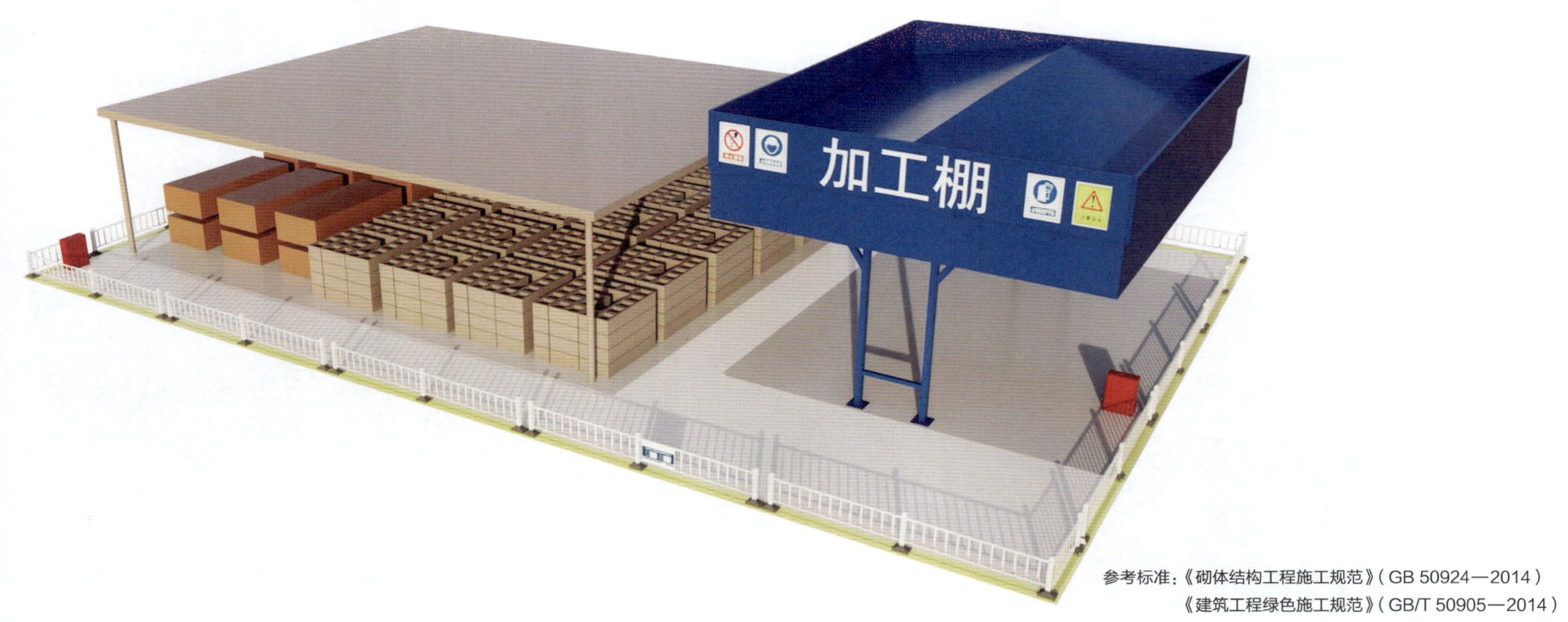

参考标准：《砌体结构工程施工规范》(GB 50924—2014)
《建筑工程绿色施工规范》(GB/T 50905—2014)

2.7.6 PC 构件堆放

设置要求：构件应按吊运和安装的顺序堆放，设置材料标识标牌，并应有适当的通道。

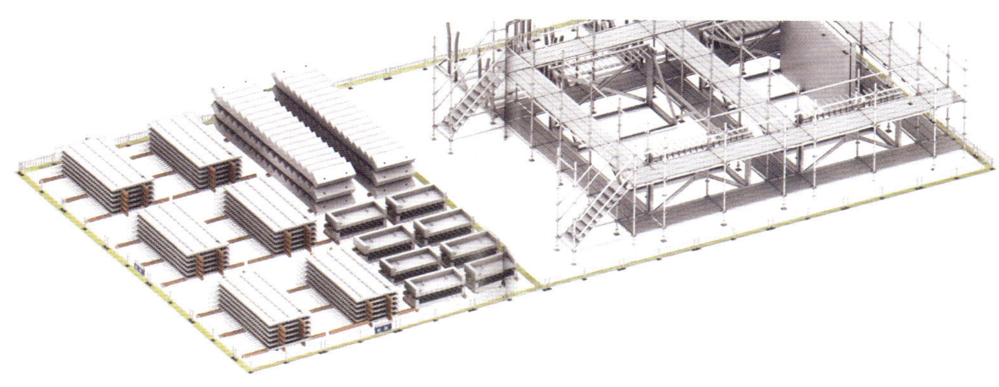

1. 竖直插放

预制墙板堆放应竖直插放，框架体应具有足够的刚度，并且安放木方稳固，以防止因倾倒或下沉而损坏构件的表面层。

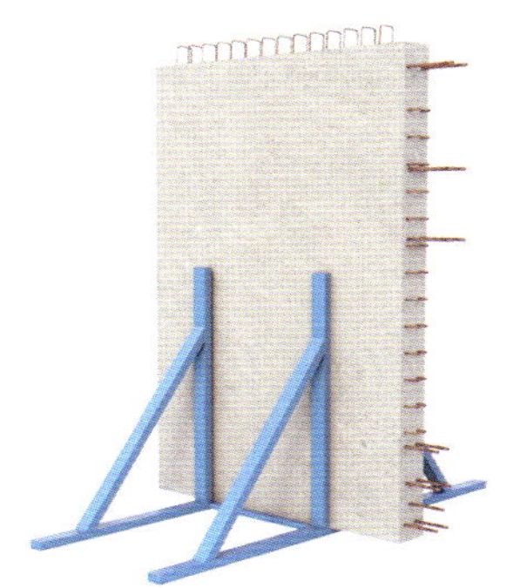

2. 水平堆叠

预制楼梯和叠合板水平堆叠，通常不超过6层，2层之间应用木方隔开。

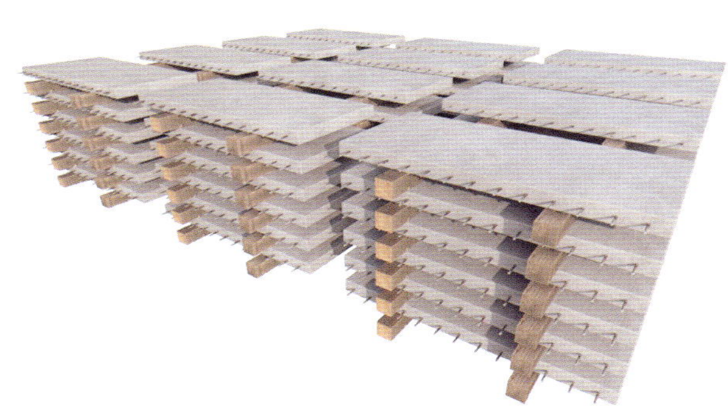

2.7.7 管线类材料

设置要求：设置在机加工区及道路两侧，便于运输及加工。

零星及贵重材料仓库存放、专人管理，其他材料设置材料堆放处，使用栏杆或扣件钢管设置隔离区域。

1. 小规格管材堆放

管类材料宜堆放在平整水泥地面上或网格货架上，设置材料标识牌，大量堆放时应注意高度不超过1.5m且有防滑措施。

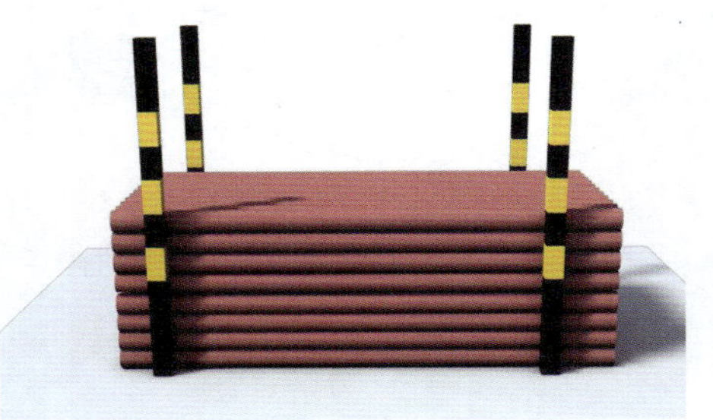

2. 大规格管材堆放

管类材料宜堆放在平整水泥地面上或专用架上，设置材料标识牌，大量堆放时不应超过两层，并有防滑措施。

3. 零星材料堆放

零星材料堆放应设置货架，并分层分区存放，形状规则的零星材料整齐码放，小体积或不规则材料应设置货箱存放，并设置材料标识牌。

4. 电缆堆放

电缆等成捆材料应堆放在专用架上或放置在地面并设止挡，堆放区域应留出叉车作业空间。

参考标准：《建筑施工安全检查标准》（JGJ 59—2011）

2.7.8 其他

1. 土石方建渣及建筑垃圾

土方应集中堆放，采用防尘网覆盖的措施，防尘网材质为耐老化的聚乙烯，网目数不低于2000目/100cm²（密目网针数为四针），推荐使用六针，颜色为绿色。

基坑周边严禁堆土，应设置土方及建渣堆放区，堆放区域设置标牌，堆放高度不能超过 1.5m。

2. 防水卷材

防水卷材在储运过程中应直立堆放，禁止侧倒横向堆放。

防水卷材存放时应注意保持防水卷材表面干燥，避免雨淋、受潮，存放在室内或使用防雨防火布苫盖。

防水卷材储运应远离火源，储存温度不应高于45℃，远离有机溶剂等化学品，并配备灭火器材。

堆放部位应设置材料标识牌、禁止烟火及重点防火部位标识牌。

3. 防水涂料

防水涂料聚氨酯、JS、防水砂浆，辅材有冷底子油等，储存环境温度应在5~35℃为宜。

夏季涂料宜存放在通风良好的室内仓库；若将涂料存放于室外，则涂料须放在阴凉处，避免阳光长时间直接照射涂料桶，远离火源。

储存时，涂料堆码的最上层需用隔热膜或者隔热板遮盖。

参考标准：《建筑与市政工程防水通用规范》（GB 55030—2022）
《建筑工程绿色施工规范》（GB/T 50905—2014）

2.8 现场危化品管理

2.8.1 危险化学品存放

1. 气瓶长期存放

空瓶、实瓶和不合格瓶应分别存放，并有明显区域和标志；气瓶入库后，应加以固定，防止气瓶倾倒。

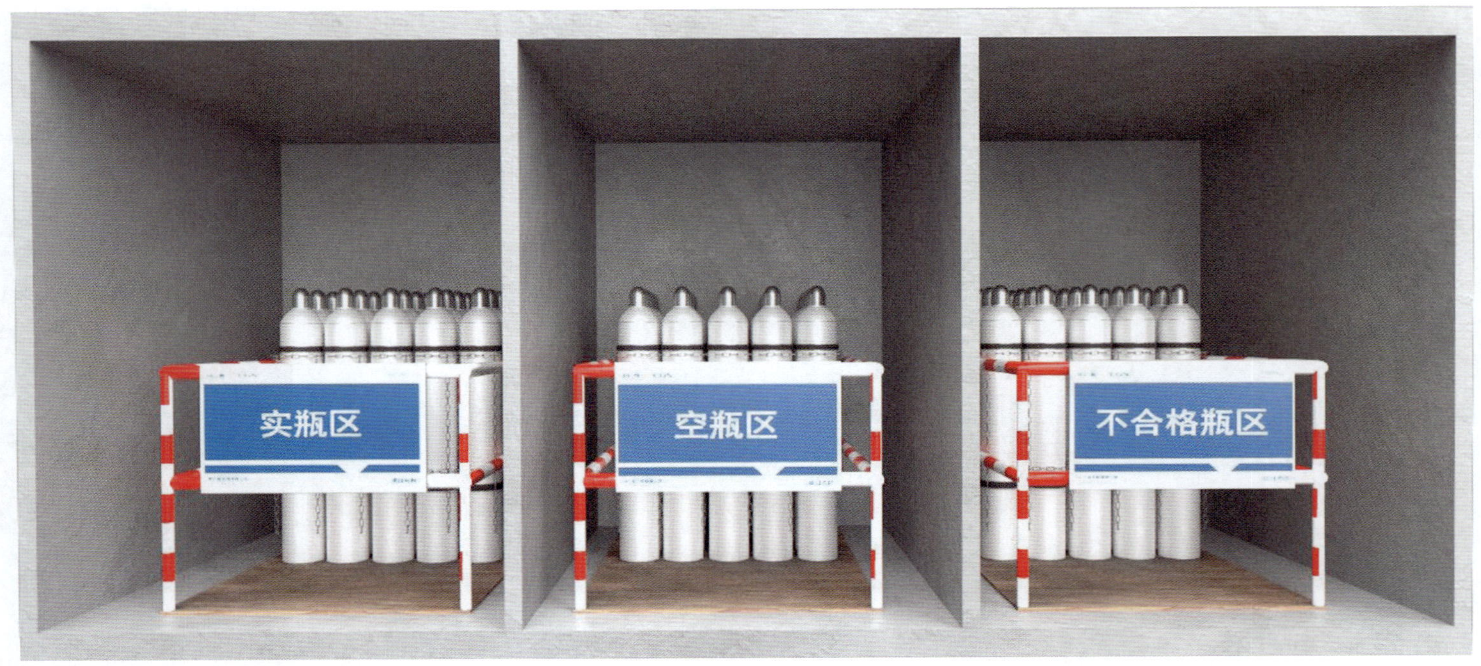

2. 临时存放

气瓶临时存放应设置在专门气瓶存放柜，易燃易爆危险化学品应存放至专用储柜中，存放点设置明显标识及警示标牌；

临时存放区域应避开通道，存放区域应设置危险标牌、围栏、警示带等，并就近放置灭火器，由专人管理。

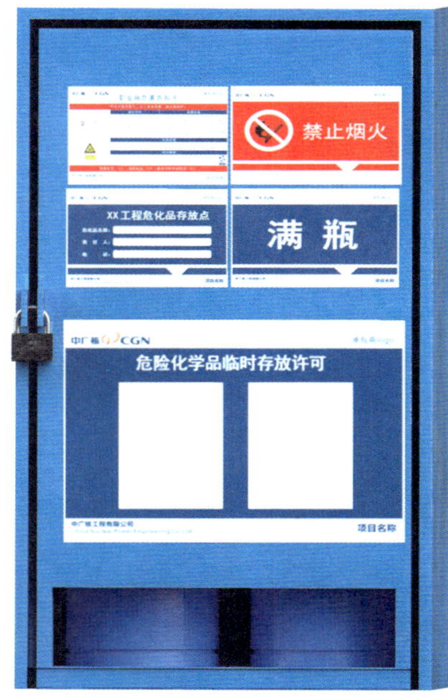

气瓶临时存放柜

危化品储存柜

危化品临时存放区

2.8.2 危险化学品运输

1. 气瓶运输小车

采用防倾倒三角稳定结构设计，带防坠落绑扎设施，在气瓶运送过程中进行捆绑，减少人工搬运，保障气瓶运输安全。蓝色气瓶手推车搬运氧气、氩气及二氧化碳气瓶，白色气瓶手推车搬运乙炔，并设置防晒罩。如上下楼搬运可将推车轮按需进行改装。

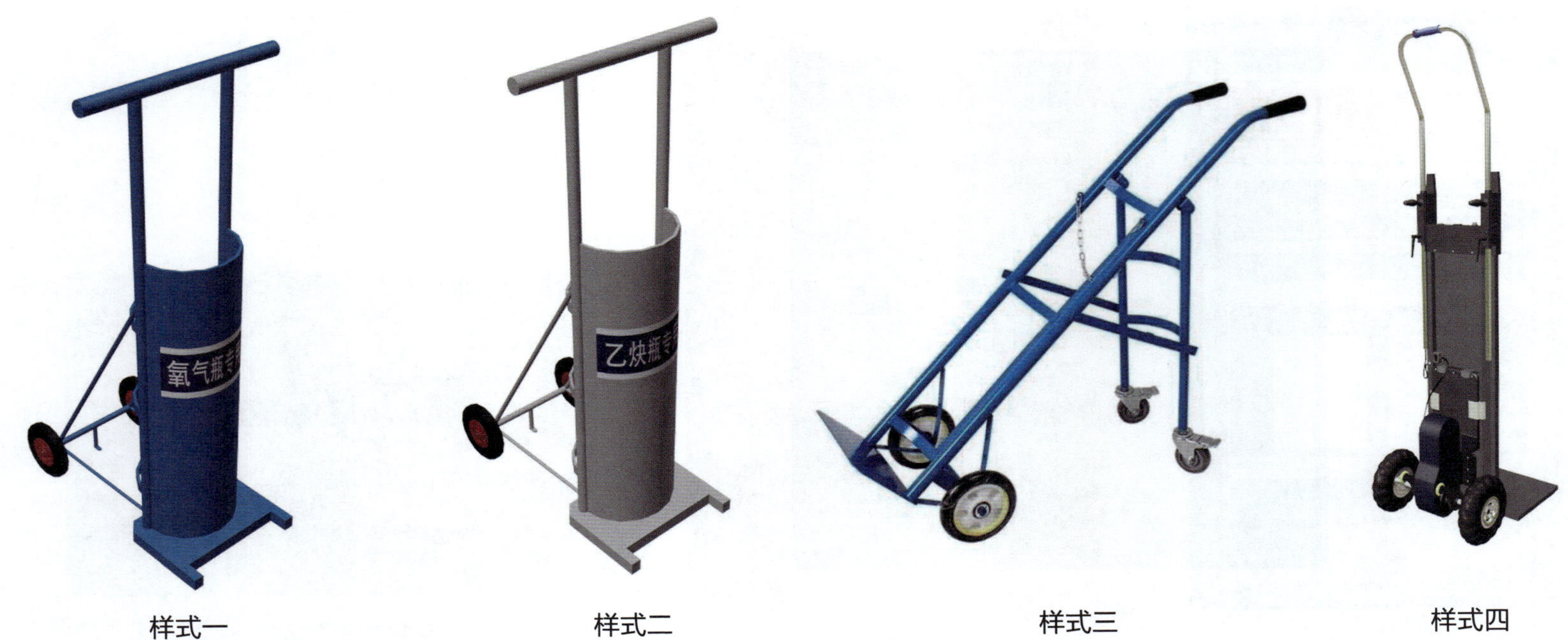

样式一　样式二　样式三　样式四

2. 气瓶存放架

采用弧形设计，上下双链保护，既保证气瓶竖直放置，又能紧贴瓶身，防止晃动。尺寸需要结合气瓶的实际尺寸进行制作。

3. 气瓶吊笼

气瓶吊笼需要根据悬吊气瓶的数量和尺寸实际进行制作，但应悬挂警示标牌（禁止烟火）和安全责任牌。

2.9 班组管理

1. 站班会

成排站班：相同或相近工种班组可共同召开大班会，大班会结束后开小班会。

开大班会时所有站班人员成行站立，组织者位于队伍前方（面向队伍）。

开小班会时，班组成员相向站立成两排，组织者站立两排中间当头位置。

围圈站班：站班会位置地面上涂画圆圈（直径3m为宜），

班会组织者（班组长或安全员）站立圆圈中央，

其他成员面向圈内沿地面圆圈标志站立。

班组长应佩戴袖章，并在安全帽上明确个人班组信息。

2. 宣讲台

形式一："宣讲台"3个字明显，蓝底白字、黑体；

背景海报大小与宣讲台尺寸保持协调即可，

内容根据现场需求各项目自行确定，建议

包含站班会流程指引；

防护栏杆设置符合要求；

平台、踏步满足防滑要求、涂刷绿色油漆。

形式二：设置于空旷安全合理位置，正中央采用"安全教育宣讲台"，其他内容可自选。

3. 班组活动房

设置要求：班组活动房内设文件柜、储物柜、办公桌椅、安全帽帽架、安全展板、班组展板等。

2.10 职业卫生设施

2.10.1 职业病危害因素监测设施

1. 职业病危害监测

可使用便携式职业病危害监测仪，监测粉尘、噪声、高温等。

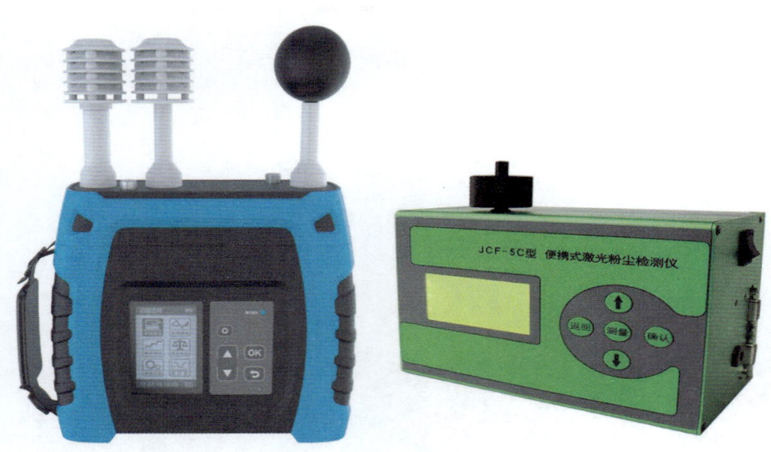

便携式WBGT指数仪　　便携式激光粉尘检测仪

2. 职业危害告知

在有职业危害场所区域明显位置张贴职业危害告知卡；

在有职业危害场所区域明显位置进行职业危害因素检测结果公示。

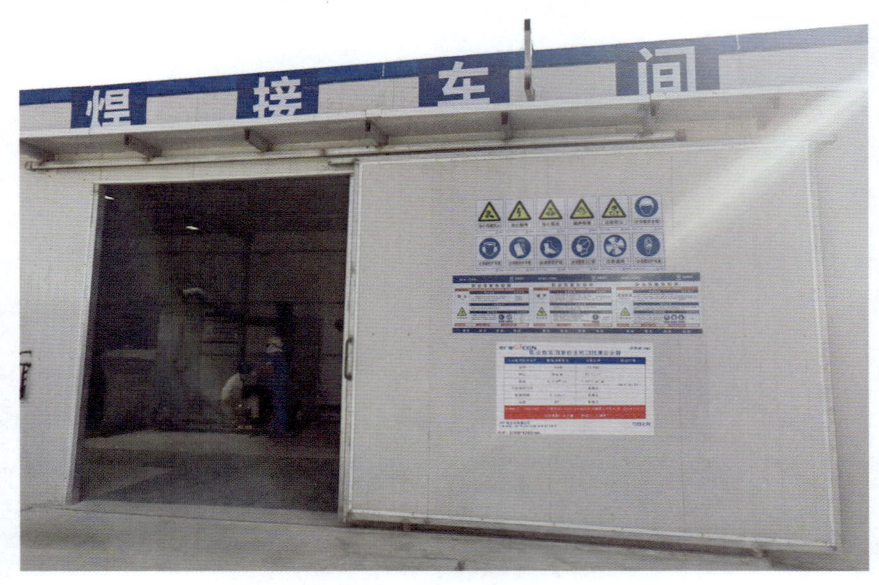

2.10.2 防暑降温设施

作业场所通风、降温：在室内高温区域进行作业时，应采取通风、降温措施。

饮水准备：作业人员在作业区域附近准备饮用水。

休息点：在高温作业点附近设置休息点，休息点通风良好，温度设在25～27℃，休息点应设饮水和座椅。

防中暑药品准备：防中暑药品包括仁丹、藿香正气口服液、十滴水、口服补液盐等。

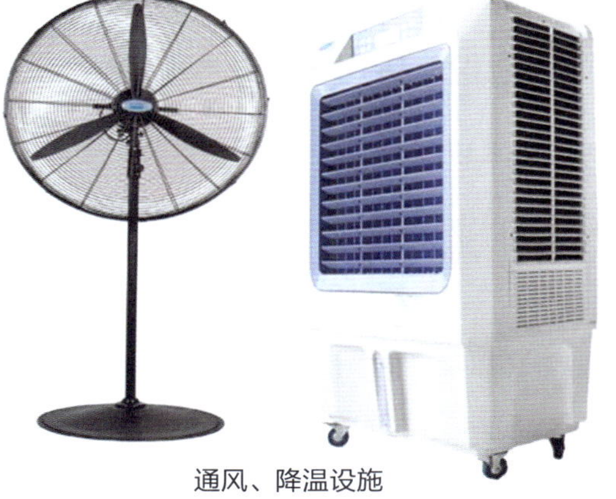
通风、降温设施

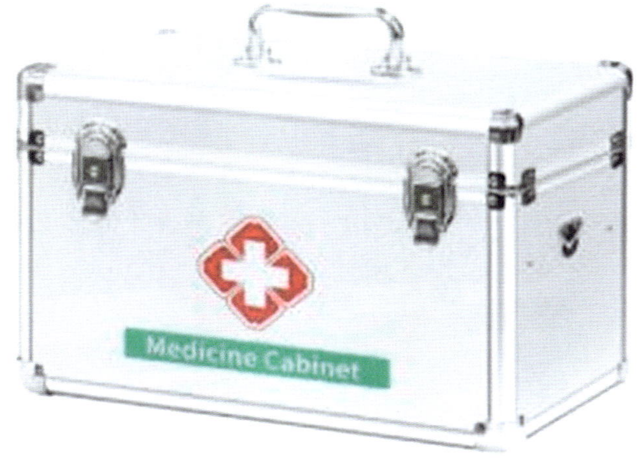

防中暑药品配备

藿香正气液	1盒	风油精	1盒
仁丹	3包	清凉油	2个
退热贴冷敷	1盒	纱布块10片	1盒
冰袋酒精	3个	防水创可贴6片	1包
棉球（配镊子）	1瓶	大容量医药箱	1个

2.10.3 通风除尘、焊烟净化设施

1. 通风基本要求

产生粉尘、有毒有害气体作业时，如矽尘、焊烟、木粉尘、二甲苯等，增设强制通风设施。

根据厂房通风设施情况，选择临时通风设施，“永临结合”使用。

进行刷漆、喷漆作业时，除厂房整体通风外，必须使用大功率风扇进行局部强制通风。

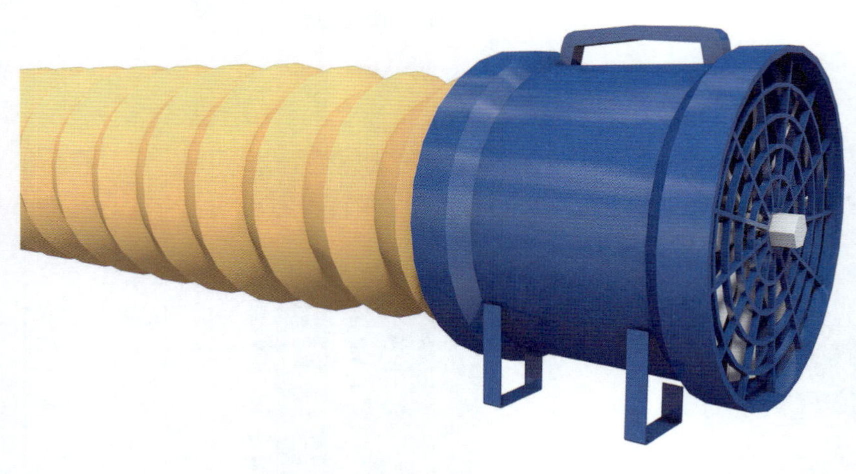

排烟风扇

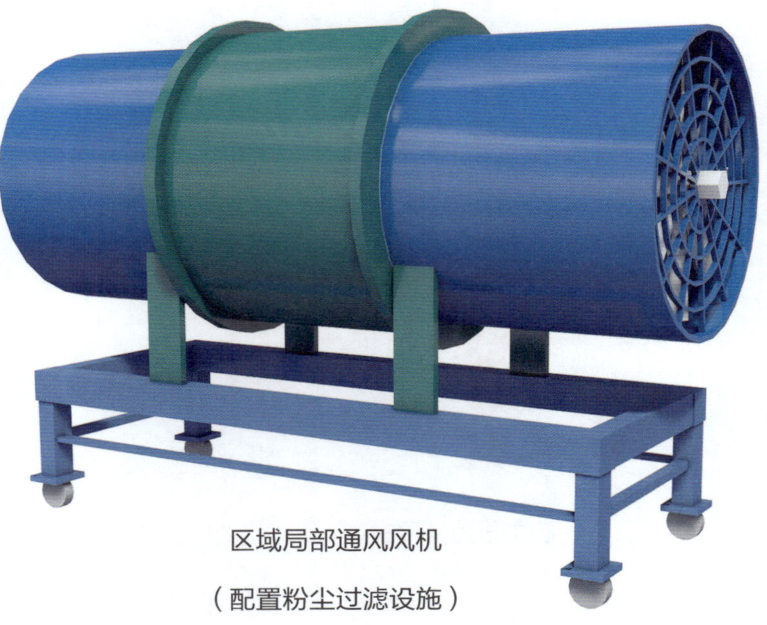

区域局部通风风机

（配置粉尘过滤设施）

2. 焊烟净化

焊接作业时，对于所产生的焊烟采用焊烟净化器进行吸附收集净化。

3. 木工机械防尘装置

木工机械配备收集木粉尘的双桶吸尘器，通过管道将各个木工机械与吸尘器相连，作业时启动吸尘装置。

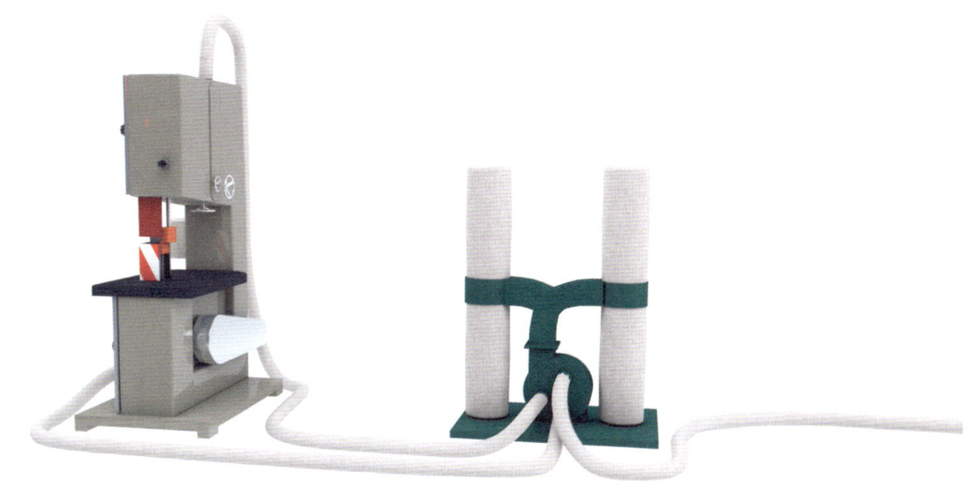

2.11 环保防治设施

2.11.1 环境监测

环境监测设施

设置位置： 监测点位宜安装在主要出入口和施工车辆出入口，应根据施工噪声监测方案在场界处布点监测，避免在相邻工地边界处设置。

功　　能： 环境在线监测系统可实时监测PM2.5、PM10、噪声等信息，数字显示实时更新；应具备数据传输功能，可接入施工智慧工地平台。

设置要求： 在监测点周边，不应有非施工作业的高大建筑物、树木或其他障碍物、阻碍物阻挡空气的流通；监测点附近张贴HSE数据监测公示牌（参考本图集1.3安全信息牌），公示内容包括：监测区域、目前状态、检测人员、联系方式、主要危害因素等。

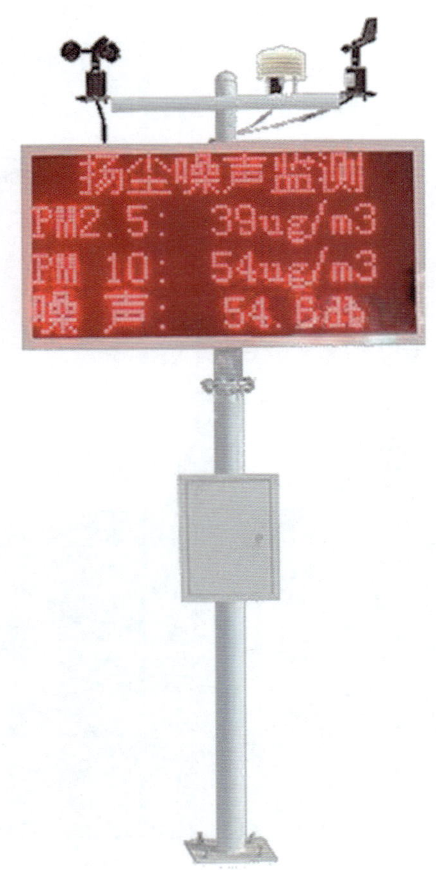

参考标准：《建筑工程绿色施工规范》（GB/T 50905—2014）

2.11.2 防尘降尘措施

1. 降尘设施设置要求

施工现场应采取喷淋、洒水等控制降尘措施，主要如下：

降尘措施	设置位置
洗车池	设置在土石方施工区域道路出入口附近
固定喷雾	设置在施工区域围墙、道路两侧，土方施工、碎石等产生粉尘的区域
雾炮机	根据实际需要配置
洒水车	根据实际需要配置

参考标准：《建筑工程绿色施工规范》(GB/T 50905—2014)

2. 洗车池

设置要求：洗车池的大小应满足工地车辆清洗的需求，长度和宽度应适应最大车辆的尺寸。

洗车池冲水设施可根据车辆类型调节喷水高度。

洗车池周围应设置排水设施，防止清洗车辆的污水流向周边地区。

过水池（见图中①）

用于冲洗掉车辆轮胎残带的土渣。

两侧设置挡水墙，防止水四处喷洒。

两端设置截水沟，回收洗车用水。

自动洗车设备（见图中②）

可随意切换红外线全自动控制和手动操作。

各角度冲洗车辆，速度快，洁净程度高。

人工洗车设施（见图中③）

配备高压水枪等冲洗设备，水枪连接

水管长度不少于10m。

三级沉淀池（见图中④）

洗车槽外侧应当设置三级过滤沉淀池，

工程施工产生的泥水应经沉淀过滤后，

再利用冲洗车辆或者排入市政排水管网。

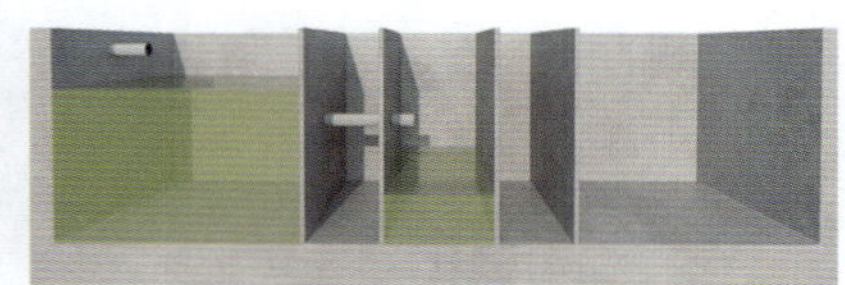

参考标准：《建筑工程绿色施工规范》（GB/T 50905—2014）

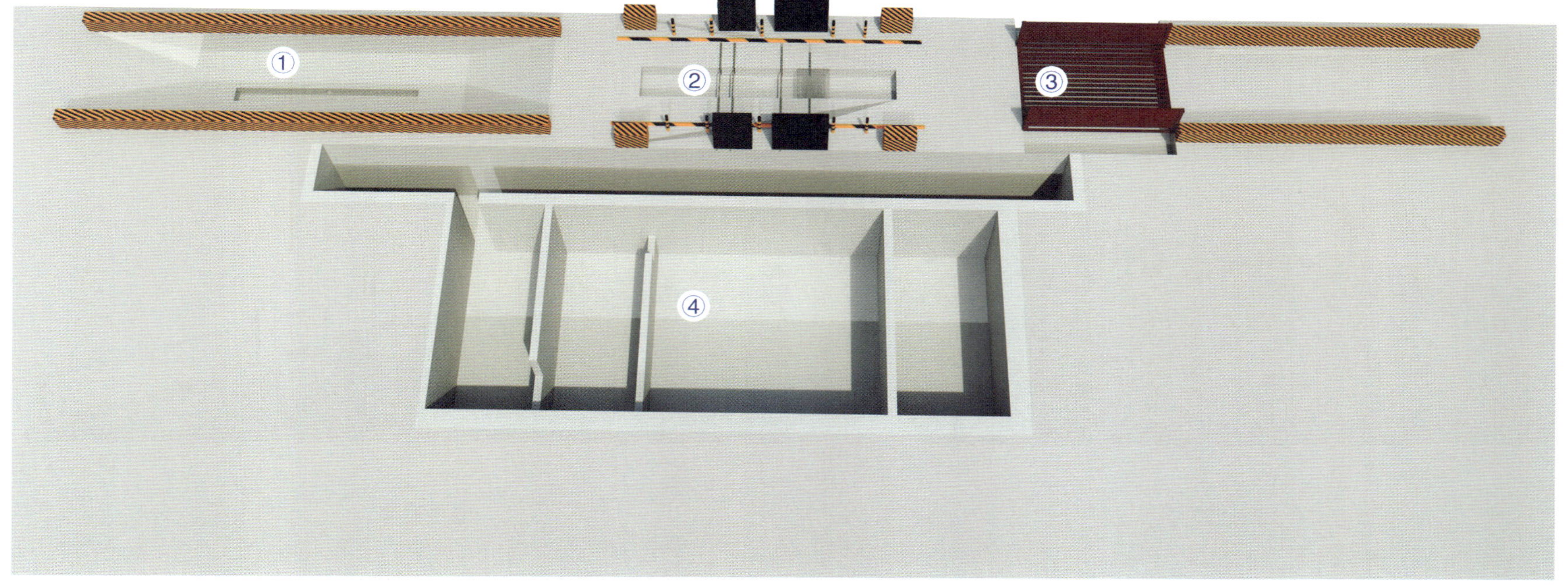
①
②
③
④

3. 喷雾

功　　能：喷雾系统可远程、定时自动启停控制。

设置要求：道路喷雾可根据路面的存在时间、安装后是否影响交通或人行、现场的水源情况等确定是否安装；四车道以上路段沿路两侧交叉布置，四车道以下路段宜沿路一侧布置。

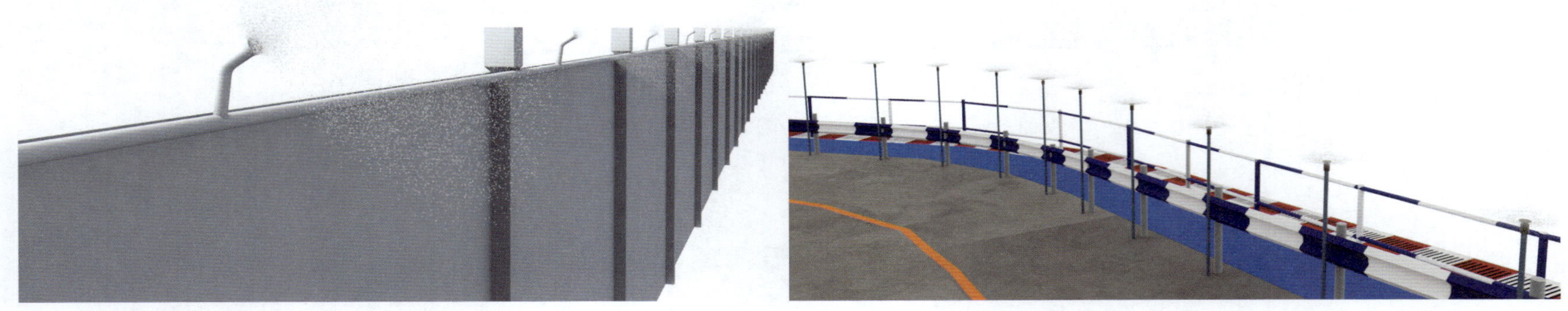

围挡喷雾　　　　道路喷雾

参考标准：《建筑工程绿色施工规范》（GB/T 50905—2014）

4. 雾炮机

功　　能：可远程或手动控制。

5. 洒水车

功　　能：前冲（喷）宽度、射程不低于3m，后洒宽度不低于8m，侧冲宽度不低于3m，车载水枪射程不低于20m。

参考标准：《建筑工程绿色施工规范》（GB/T 50905—2014）

2.11.3 垃圾处理设施

1. 垃圾斗

设置要求：每个垃圾斗容量一般不小于4m^2，垃圾斗外有编号、限载标识，按回收垃圾划分垃圾斗颜色，外观参考示意图。

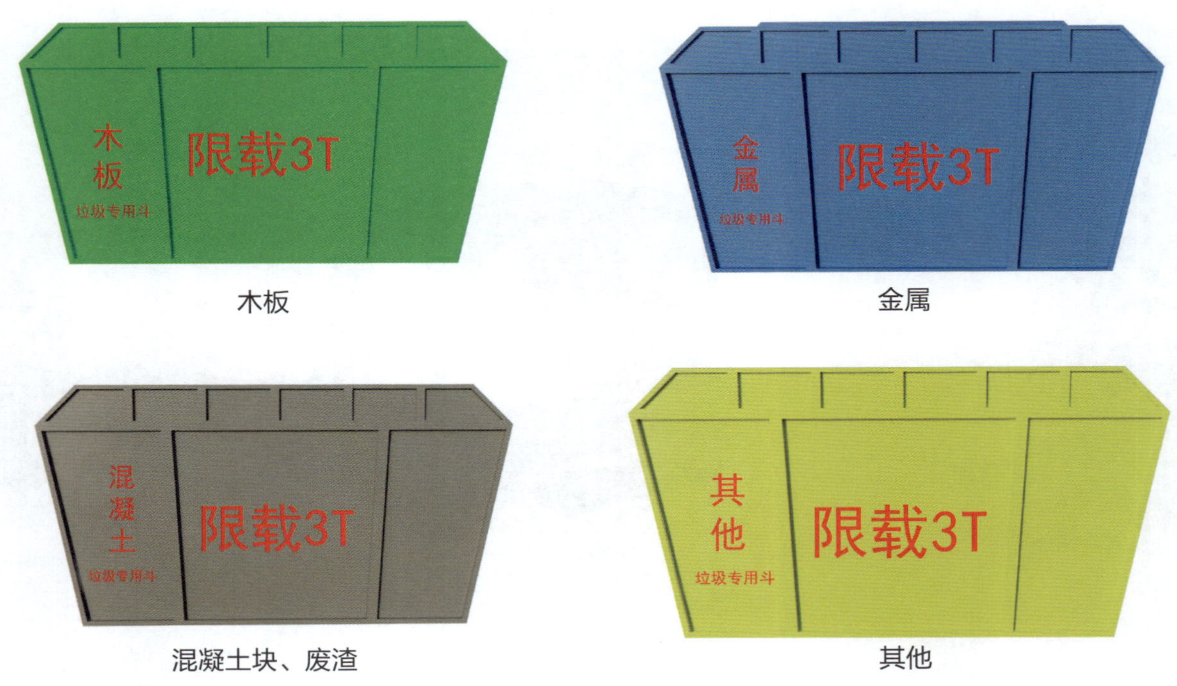

木板　金属

混凝土块、废渣　其他

参考标准：《建筑工程绿色施工规范》(GB/T 50905—2014)

2. 垃圾池

设置要求：垃圾池用砖体砌筑围墙、水泥砂浆抹面，围墙高度不低于1.5m，垃圾池的宽度、深度应根据现场实际的垃圾量确定。

垃圾池应对不同垃圾进行分类，并设置相应标识牌。

特殊情况，可用挡板/钢管围栏进行实体封闭维护，或设置防吹散措施。

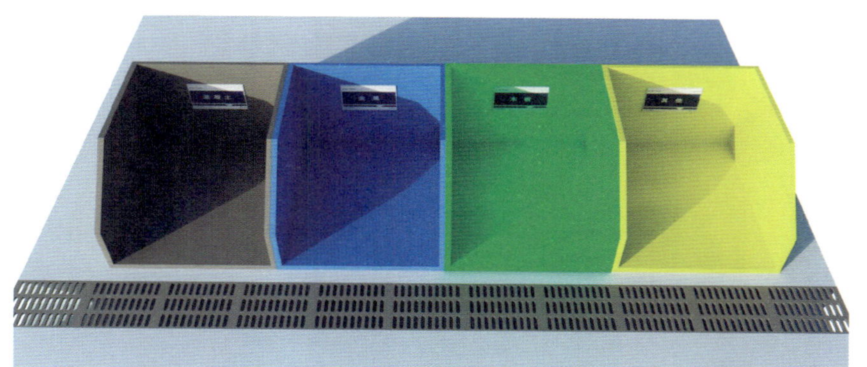

3. 生活垃圾箱

设置要求：生活垃圾应分类时回收，按可回收、厨余、有害和其他垃圾进行划分。

2.12 人文关怀设施

1. 饮水间

材　　质：预制集装箱。

设置要求：房间内应设置饮水机、开水龙头、温开水龙头、直饮水龙头，水龙头下方不锈钢接水槽、茶叶过滤斗；布置水杯架、空调、清洁物品存放柜、休息长条椅和监控摄像头、垃圾桶等设施。

夏季休息点内放置防暑降温知识手册。

设置防台固定设施。

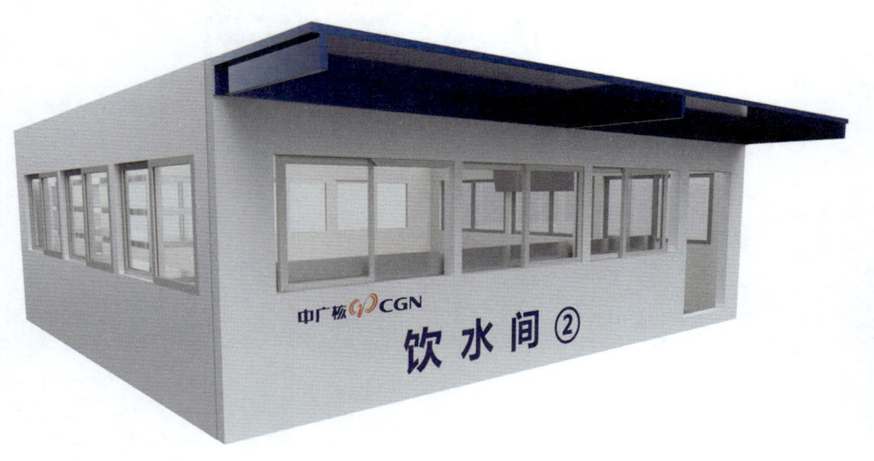

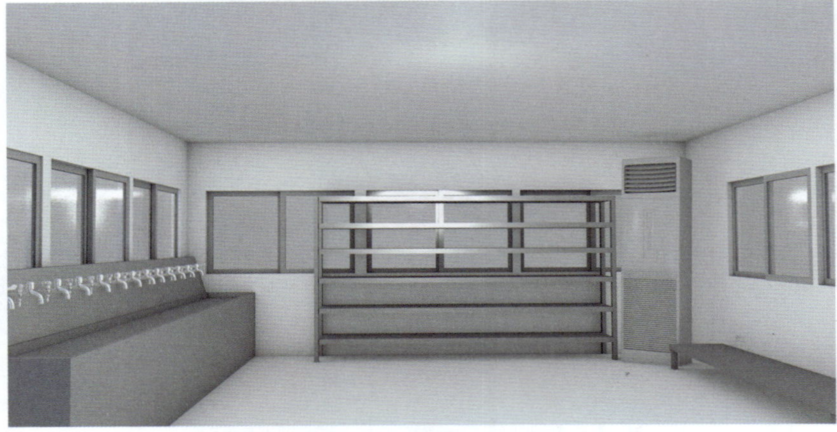

2. 吸烟点

材　　质：预制集装箱。

设置要求：房间内布置烟蒂收集槽（灭烟筒）、点烟器、风扇、休息长条椅、监控摄像头、垃圾桶等设施。

设置防台固定设施。

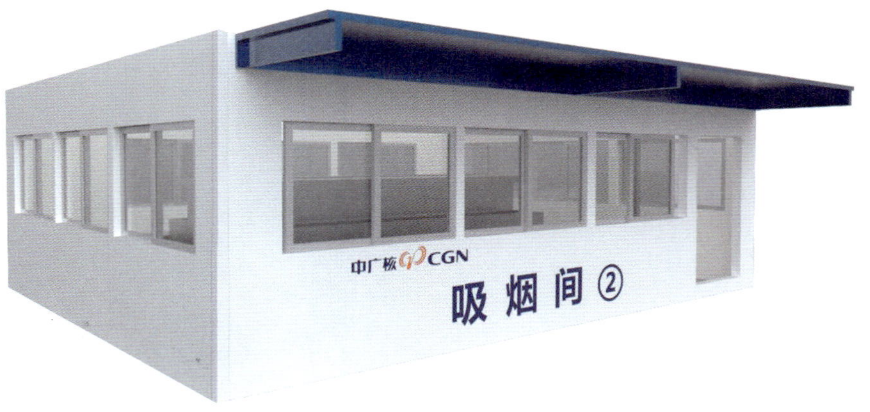

3. 卫生间

材　　质：预制集装箱。

设置要求：较偏远的临时施工区域应设可移动式卫生间；

北方地区应采取防冻措施；

临时板房设置防台固定设施。

固定式卫生间

可移动式卫生间

4. 主通道入口

尺　　寸：宜6m×4.5m，具体尺寸根据现场实际情况确定。

设置要求：安全通道口设置安全通道醒目标记，同时配置安全警示标志；

搭设在塔吊回转半径和建筑物周边的工具式安全通道必须设置双层硬质防护；

通道内可布置安全文明施工宣传标牌。

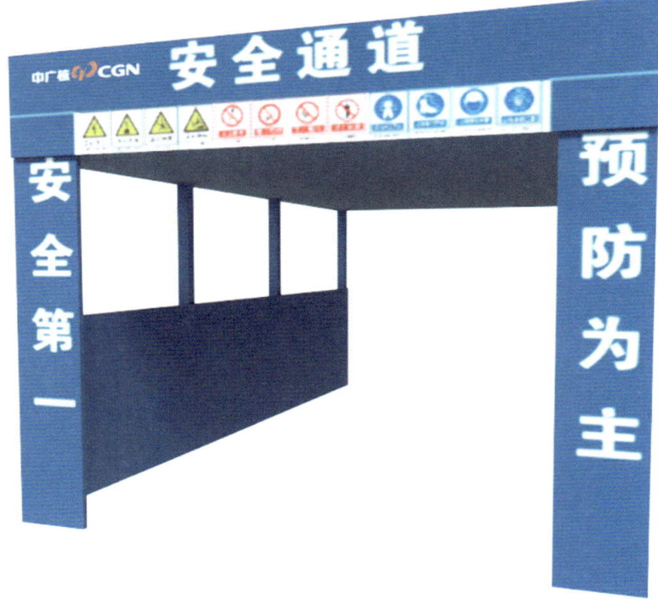

2.13 通道入口和隔离围栏

2.13.1 固定围栏

设置要求：分区隔离围栏以焊接或螺栓套接固定形式组装，通过螺栓固定在硬化地面上；

栏杆使用钢管材料，刷红白色油漆。

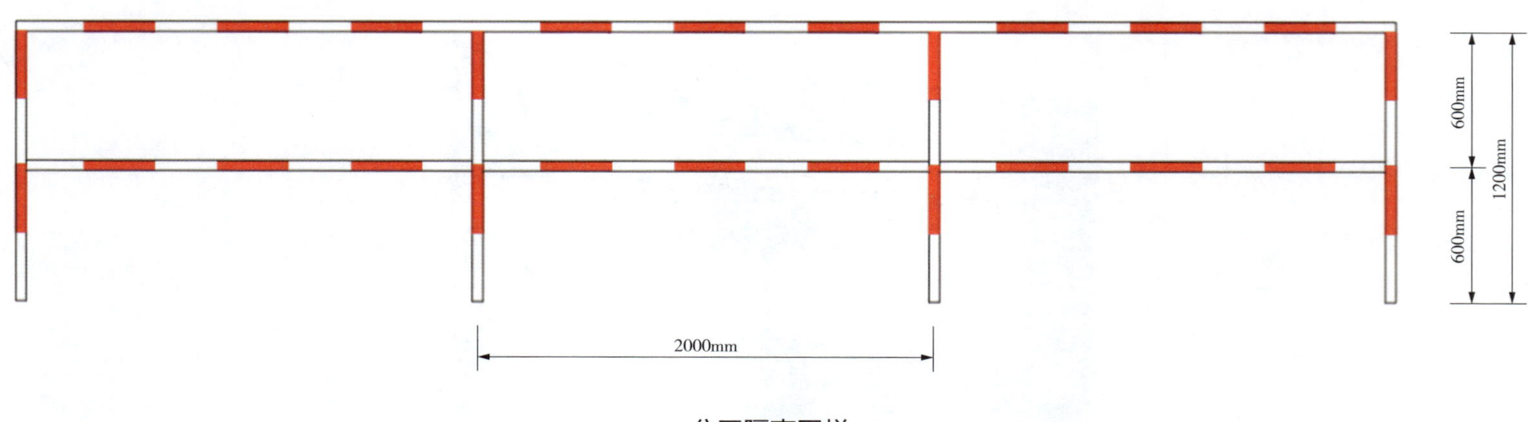

分区隔离围栏

2.13.2 移动围栏

设置要求：存在明显人身伤害风险的区域（如存在落物打击、机械伤害、交通伤害风险区域），使用红白警示围栏或警示带设置全封闭作业区，并悬挂警示标识；不存在明显的人身伤害的区域，使用黄黑警示围栏或警示带设置作业区。

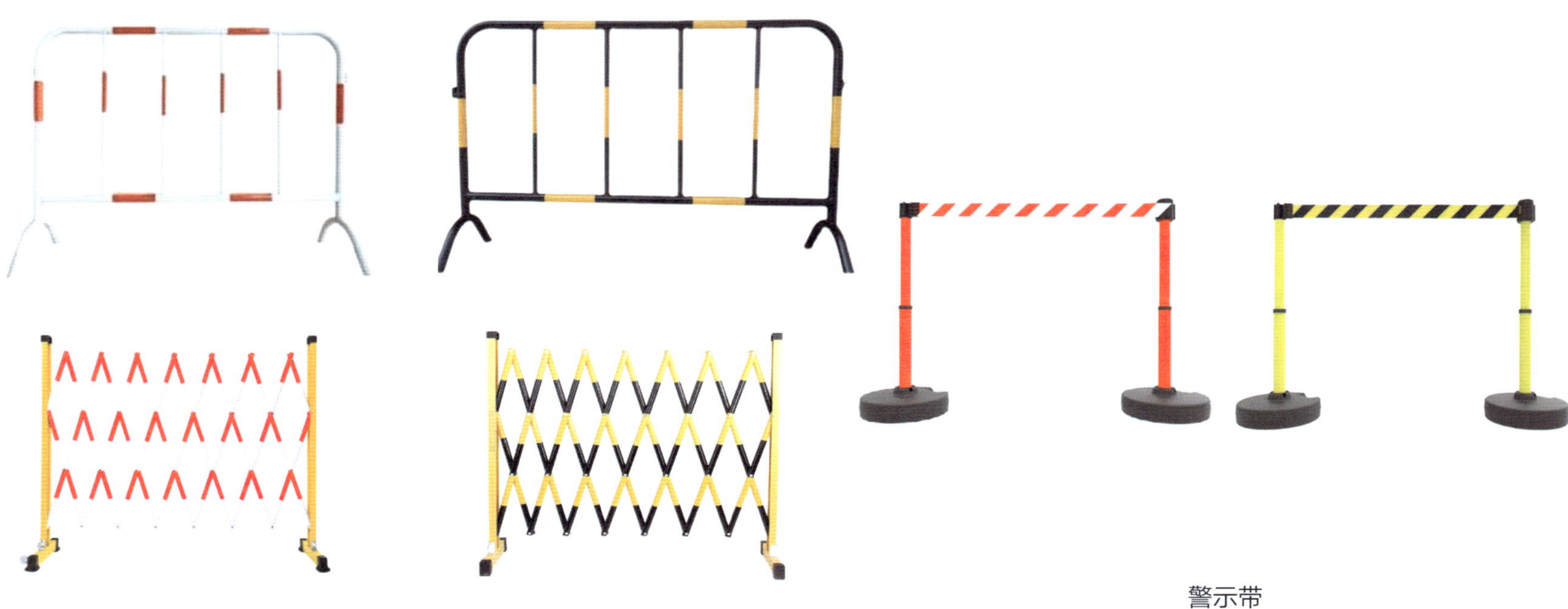

警示带

警示围栏

2.14 临边和洞口防护

2.14.1 临边防护

1. 平台防护

设置要求：防护栏杆可采用脚手架钢管防护栏杆或定型化防护围栏，定型化防护围栏应符合 JGJ80 的要求；

防护栏杆应根据实际情况，采用斜撑、混凝土墩、螺栓与构筑物拉结等方式固定，防护栏杆能承受任何方向 1kN 的外力；

踢脚板采用木板（厚度≥ 10mm）、镀锌铁板（厚度≥ 1mm）、钢板（厚度≥ 1mm）或脚手板制作。

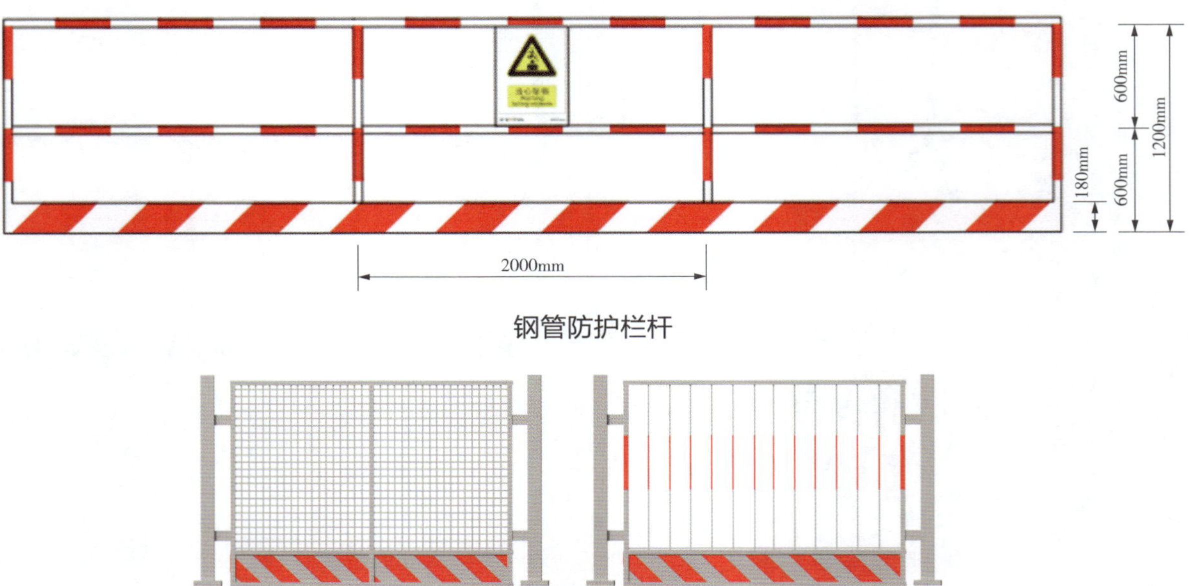

钢管防护栏杆

定型化防护围栏

参考标准：《建筑施工高处作业安全技术规范》（JGJ 80—2016）

2. 基坑临边防护

设置要求：在基坑危险部位、临边和临空位置设置明显的安全警示标识或警戒，在基坑边1.2m范围内划定警戒线，书写“严禁堆载”警示标语；

防护栏杆与平台防护栏杆要求相同。

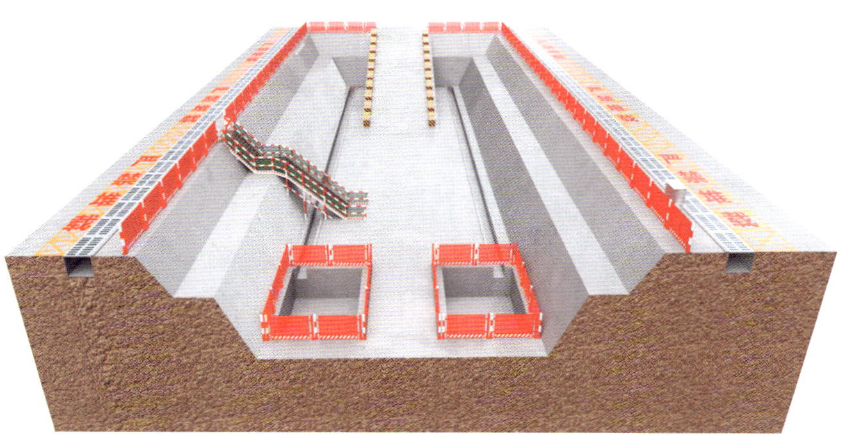

3. 楼梯

设置要求：楼梯边防护应采用脚手架钢管防护栏杆，杆件刷红白相间安全警示色；立杆底部用膨胀螺栓固定，并设置踢脚板；

防护栏杆能承受任何方向1kN的外力。

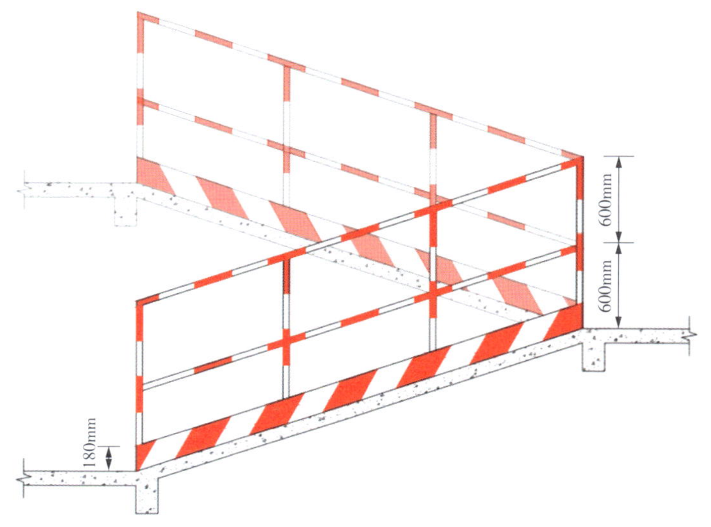

参考标准：《建筑施工高处作业安全技术规范》（JGJ 80—2016）

2.14.2 洞口防护

2.14.2.1 平面洞口防护

1. 平面洞口防护（洞口短边尺寸<500mm）

防护方式：方形或圆形盖板覆盖。

材　　质：低于4mm厚Q235B花纹钢板，盖板不允许拼接。

设置要求：四角使用角钢或钢筋制作限位；洞口防护盖板上张贴孔洞责任信息牌和“严禁堆载和踩踏”标牌。

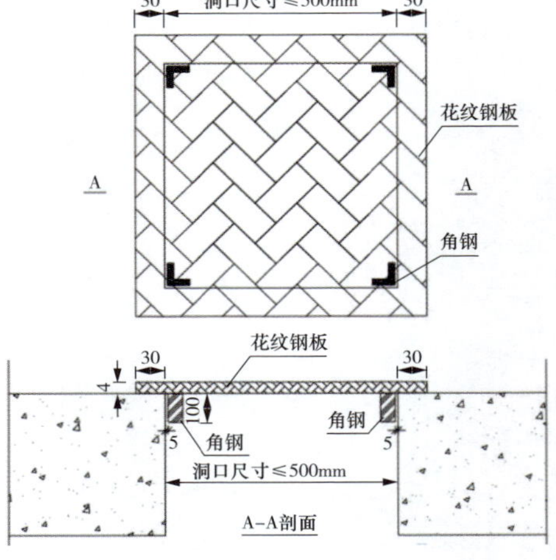

方形盖板（单位：mm）

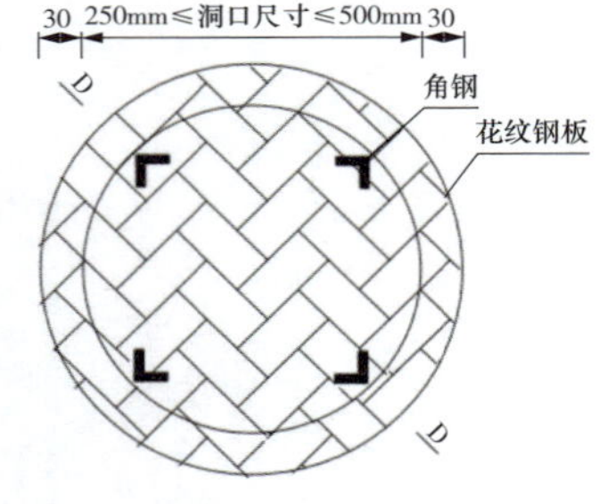

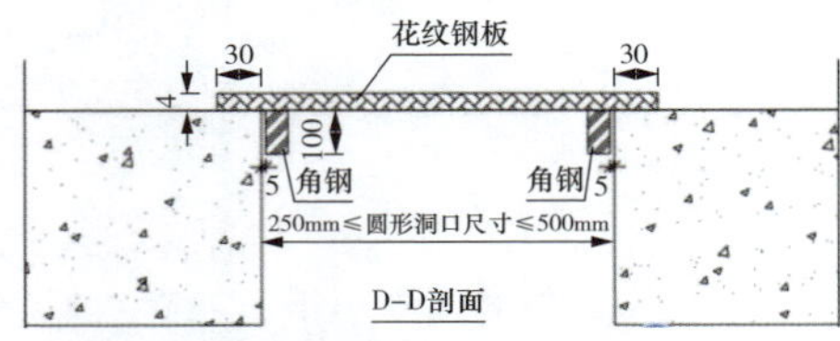

圆形盖板（单位：mm）

参考标准：《建筑施工高处作业安全技术规范》（JGJ 80—2016）

2. 平面洞口防护（500mm≤洞口短边尺寸<1500mm）

防护方式：方形或圆形盖板覆盖。

材　　质：不低于4mm厚Q235B花纹钢板。

设置要求：四角使用角钢或钢筋制作限位，盖板背面焊接角钢加固；

洞口防护盖板上张贴孔洞责任信息牌。

方形盖板（单位：mm）

圆形盖板（单位：mm）

3. 楼梯

防护方式：防护栏杆。

设置要求：防护栏杆四周用密目式安全网进行封闭，立杆使用螺栓、焊接或与其他构造物连接固定牢固；

防护栏杆上张贴孔洞责任信息牌。

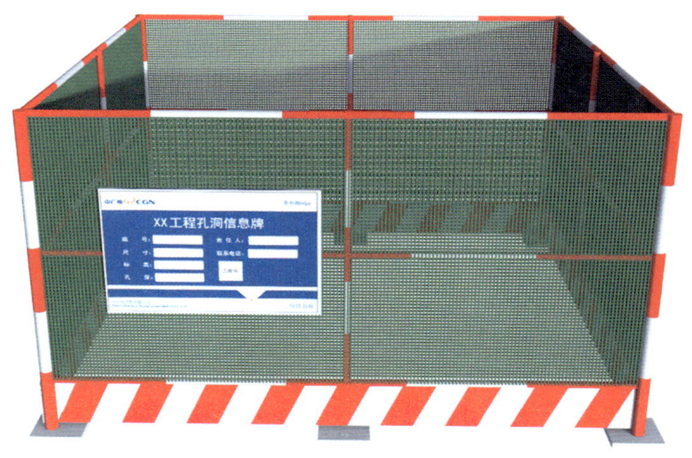

参考标准：《建筑施工高处作业安全技术规范》（JGJ 80—2016）

4. 平面洞口防护（洞口短边尺寸＞1500mm ）

防护方式：防护栏杆＋安全平网。

设置要求：洞口四周设防护栏杆和安全立网，洞口张设安全平网；

防护栏杆与平面洞口防护（500mm ≤洞口短边尺寸<1500mm）设置要求一致。

2.14.2.2 竖向洞口防护

设置要求：电梯井口、电缆井口、管道井口等竖向洞口，应采用实体封堵；

封堵板材厚度不小于10mm，刷红白相间油漆，张贴孔洞责任信息牌；

防护栏杆设置符合安全要求，设安全密目网，并张贴孔洞责任信息牌。

形式1　封堵板材

形式2　防护栏杆

参考标准：《建筑施工高处作业安全技术规范》（JGJ 80—2016）

2.15 临时用电

2.15.1 配电箱及开关箱

1. 施工现场三级配电系统

要求：施工现场必须采取TN-S系统，符合“三级配电、两级保护”，达到“一机一闸一箱一漏”的要求。

配电箱应上锁，钥匙由专业电工保管，箱外张贴配电箱信息牌、警示标识、检查标签。

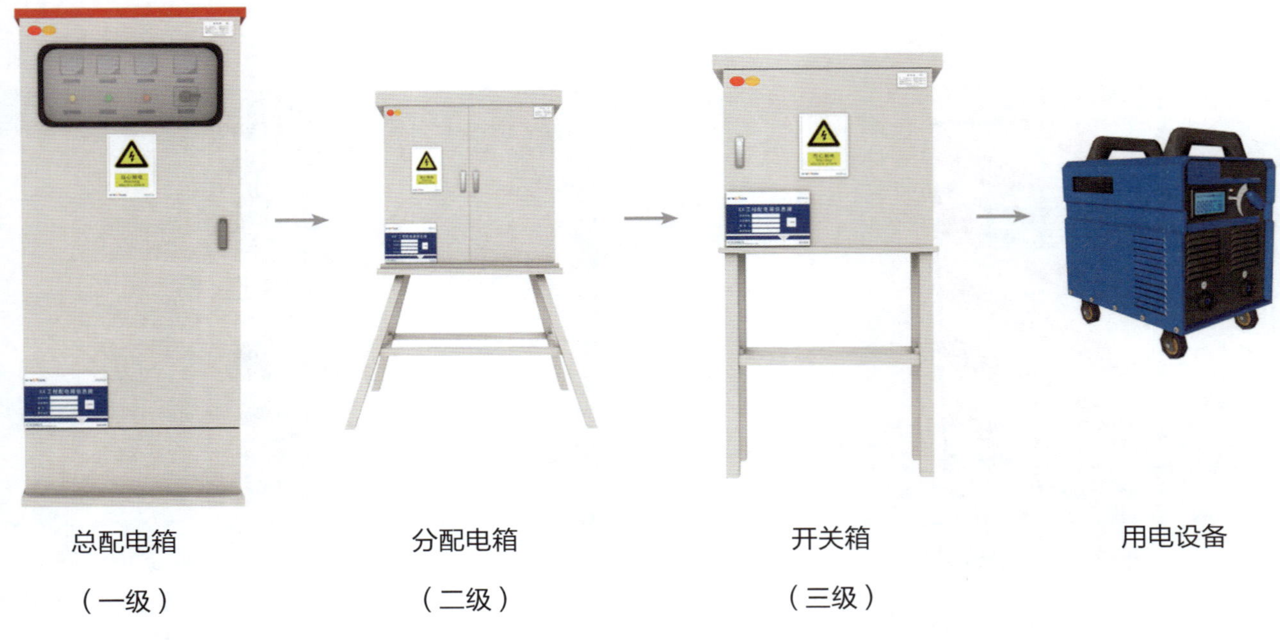

总配电箱（一级）　分配电箱（二级）　开关箱（三级）　用电设备

参考标准：《施工现场临时用电安全技术规范》（JGJ 46—2005）

2. 总配电箱配置示例

箱体电气连接（见图中①）

要求：金属箱门与金属箱体必须采用编织软铜线做电气连接。

系统电路图（见图中②）

要求：应有名称、用途、分路标记及系统接线图。

N线端子板（见图中③）

要求：N线端子板应与金属电器安装板绝缘，进出线中的N线应通过N线端子板连接。

仪表设置（见图中④）

要求：总配电箱应装设电压表、总电流表、电度表及其他需要的仪表。

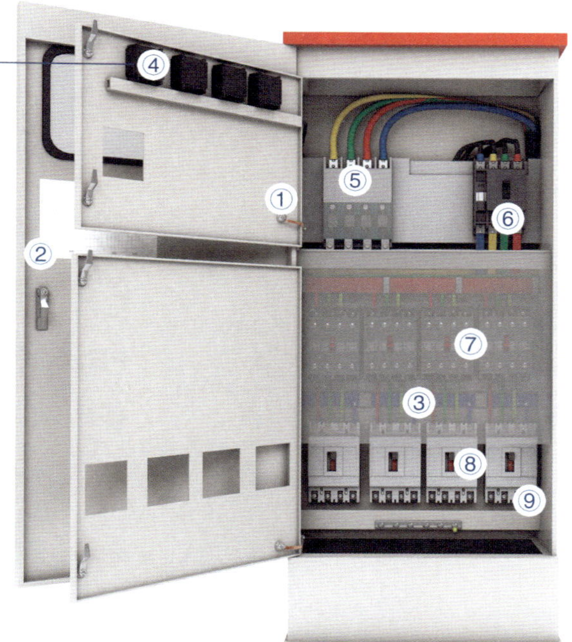

总隔离开关（见图中⑤）

要求：当总路设置总漏电保护器时，还应装设总隔离开关。隔离开关应设置于电源进线端，应采用分断时具有可见分断点，并能同时断开电源所有极的隔离电器。如采用分断时具有可见分断点的断路器，可不另设隔离开关。

总漏电断路器（见图中⑥）

要求：当所设总漏电断路器同时具备短路、过载、漏电保护功能时，可不设总断路器或总熔断器。

分路隔离开关（见图中⑦）

要求：应采用分断时具有可见分断点，并能同时断开电源所有极的隔离电器。如采用分断时具有可见分断点的断路器，可不另设隔离开关。

分路漏电断路器（见图中⑧）

要求：漏电断路器同时具备短路、过载、漏电保护功能时，可不设分路断路器或分路熔断器。

PE 线端子板（见图中⑨）

要求：应与金属电器安装板做电气连接，进出线PE线应通过 PE 线端子板连接。

参考标准：《施工现场临时用电安全技术规范》（JGJ 46—2005）

3. 分配电箱配置示例

N线端子板（见图中①）

要求：N线端子板应与金属电器安装板绝缘，进出线中的N线应通过 N 线端子板连接。

系统电路图（见图中②）

要求：应有名称、用途、分路标记及系统接线图。

总隔离断路器（见图中③）

要求：分配电箱应装设总隔离开关、总断路器或总熔断器。当总路设置总漏电保护器时，还应装设总隔离开关、分路隔离开关。如采用分断时具有可见分断点的断路器，可不另设隔离开关。

分路隔离断路器（见图中④）

要求：当各分路设置分路漏电保护器时，还应装设总隔离开关、分路隔离开关以及总断路器、分路断路器或总熔断器、分路熔断器。如采用分断时具有可见分断点的断路器，可不另设隔离开关。

分路漏电保护器（见图中⑤）

要求：当分路所设漏电保护器是同时具备短路、过载、漏电保护功能的漏电断路器时，可不设分路断路器或分路熔断器。

箱体电气连接（见图中⑥）

要求：金属箱门与金属箱体必须通过采用编织软铜线做电气连接。

PE线端子板（见图中⑦）

要求：应与金属电器安装板做电气连接，进出线PE线应通过 PE 线端子板连接。

标识与标签

要求：在配电箱的开关和线路上应设置具体的标识和标签。

参考标准：《施工现场临时用电安全技术规范》（JGJ 46—2005）

①
②
③
④
⑤
⑥
⑦

4. 开关箱配置示例

隔离开关（见图中①）

要求：开关箱必须装设隔离开关、断路器或熔断器。隔离开关应采用分断时具有可见分断点，能同时断开电源所有极的隔离电器，并应设置于电源进线端。当断路器是具有可见分断点时，可不另设隔离开关。

漏电保护器（见图中②）

要求：当漏电保护器是同时具有短路、过载、漏电保护功能的漏电断路器时，可不装设断路器或熔断器。

PE 线端子板（见图中③）

要求：应与金属电器安装板做电气连接，进出线PE线应通过PE线端子板连接。

分路漏电保护器（见图中④）

要求：N 线端子板应与金属电器安装板绝缘，进出线中的 N 线应通过 N 线端子板连接。

系统电路图（见图中⑤）

要求：应有名称、用途、分路标记及系统接线图。

箱体电气连接（见图中⑥）

要求：金属箱门与金属箱体必须采用编织软铜线做电气连接。

参考标准：《施工现场临时用电安全技术规范》（JGJ 46—2005）

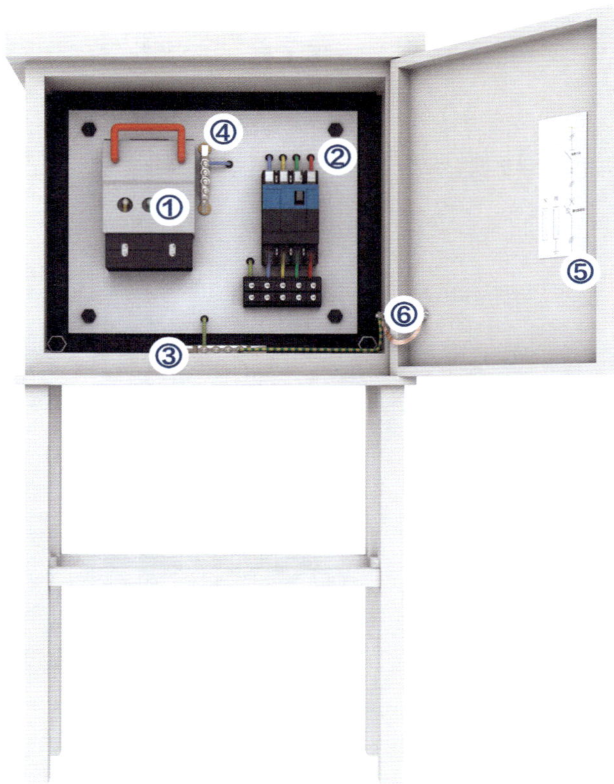
①
②
③
④
⑤
⑥

5. 配电箱防护棚

防雨措施（见图中①）

要求：防护棚上层有防雨措施，并设不小于5%坡度的排水坡。

标志标牌（见图中②）

要求：防护棚正面应悬挂操作规程牌、警示牌、责任人姓名和电话。

消防措施（见图中③）

要求：防护棚外应放置干粉灭火器。

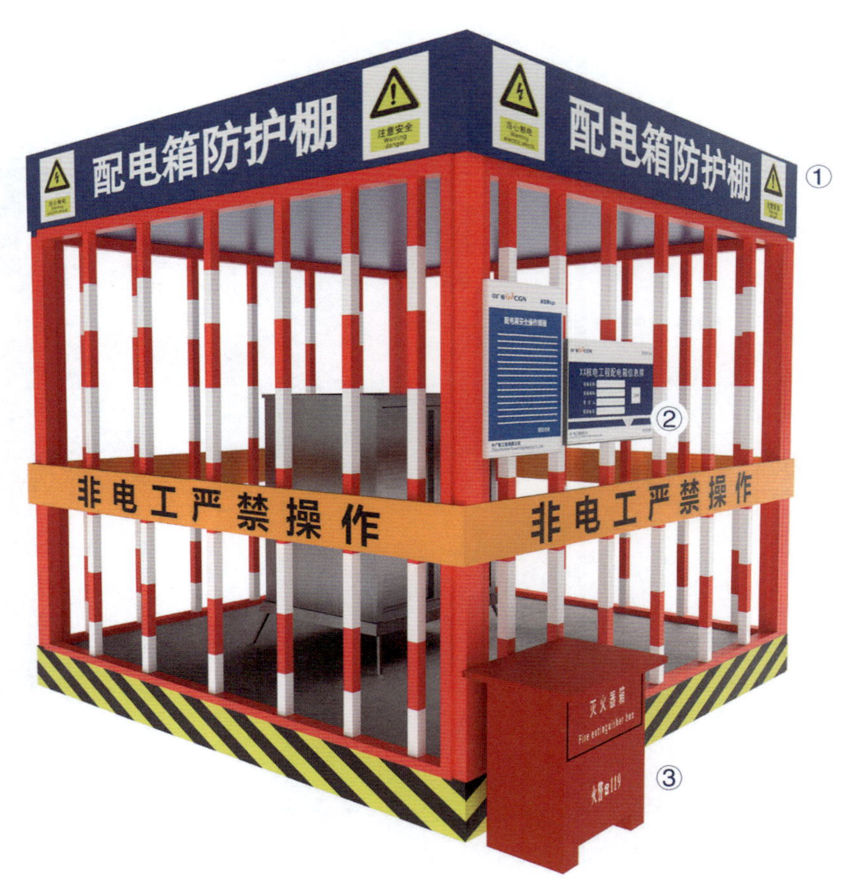

2.15.2 电缆防护

1. 临时架空电缆

沿围栏架设

要求：沿着围栏架设时，电缆必须使用绝缘挂钩固定。严禁使用金属导线捆扎固定电缆。

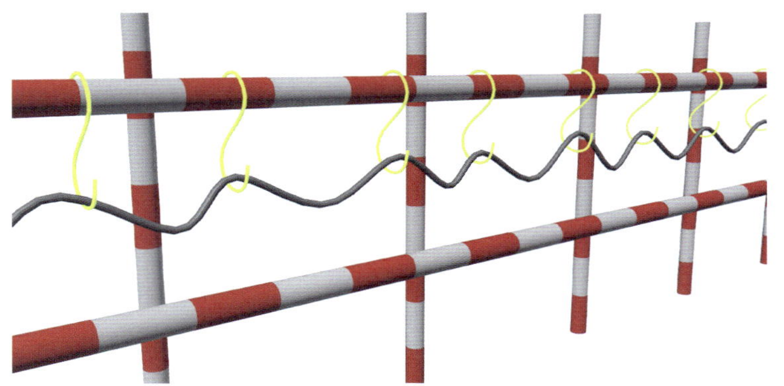

2. 临时支撑

要求：无围栏处可采用绝缘支撑进行电缆线支设。

2.16 应急

2.16.1 应急设施

1. 应急物资柜

设置要求：用于存放应急时所需的急救、抢险和个人防护物资，包括担架、急救箱、AED、扩音喇叭、安全帽、反光背心、手电筒、灭火器、逃生面罩、雨衣及雨靴等物资。

2. 应急医疗室

设置位置：施工现场应根据实际情况设置医疗室或医疗点位。

配置要求：医疗室内配备必要的急救用品（如：担架、急救箱、AED等）。

在医疗室的明显位置设置相应标识牌。

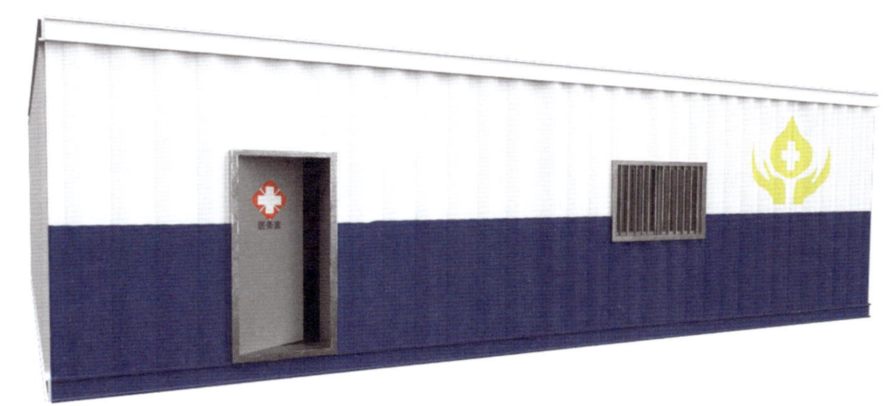

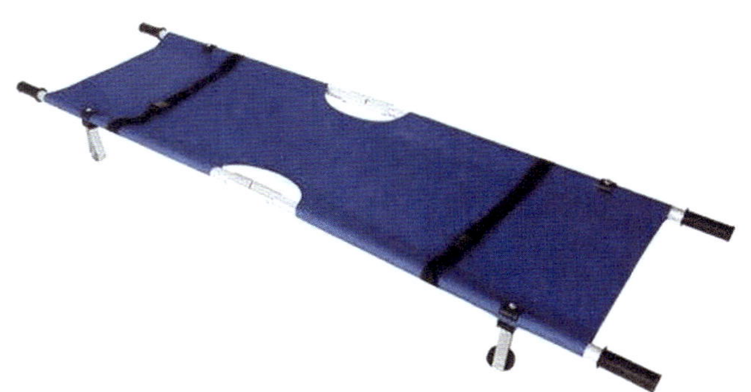

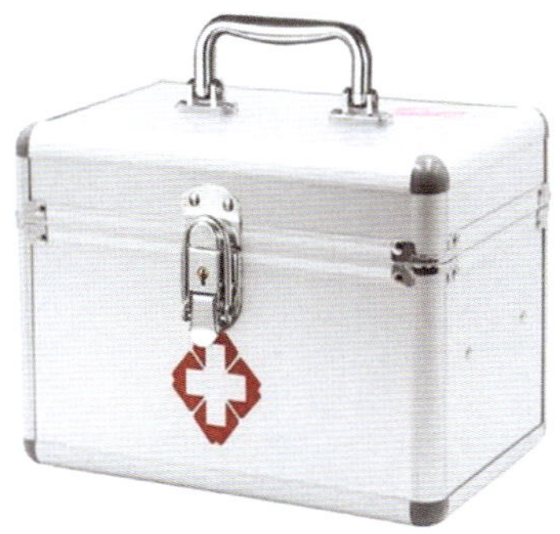

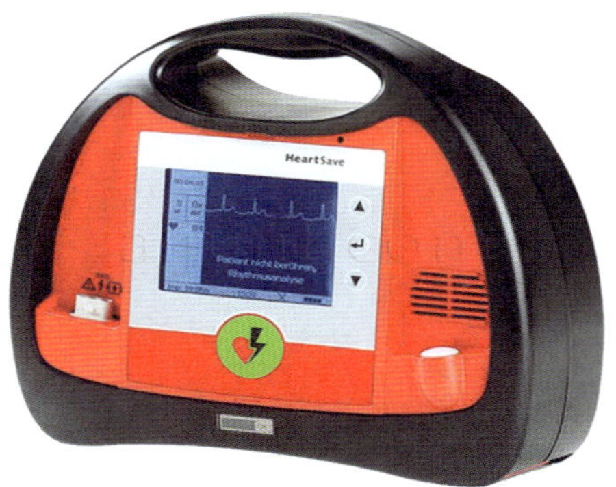

2.16.2 防台风应急设施

2.16.2.1 集装箱防台

1. 缆风绳

钢 丝 绳：$d \geqslant 9.3$mm，公称抗拉强度≥185kg/mm²。

套　　管：红白警示色的PVC管道。

设置要求：户外长度小于6m的集装箱在四角钢墙柱顶端分别采用绳与地面锚固；长度大于6m的集装箱横向间隔不超过2.5m加一条钢丝绳固定。

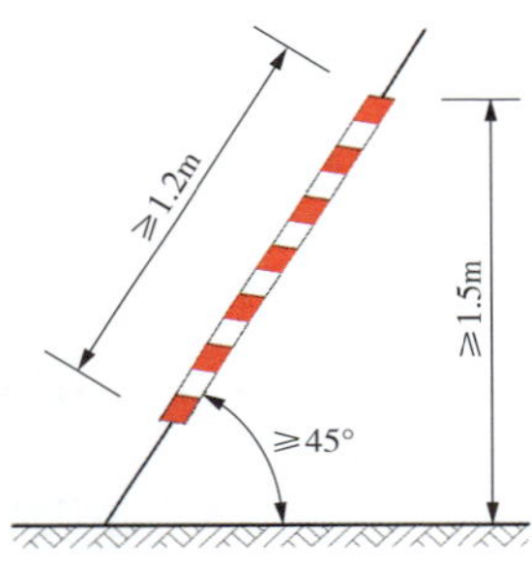

2. 钢丝绳夹

钢丝绳夹应把夹座扣在钢丝绳的工作段上，U形螺栓扣在钢丝绳的尾段上，钢丝绳夹不得在钢丝绳上交替布置。

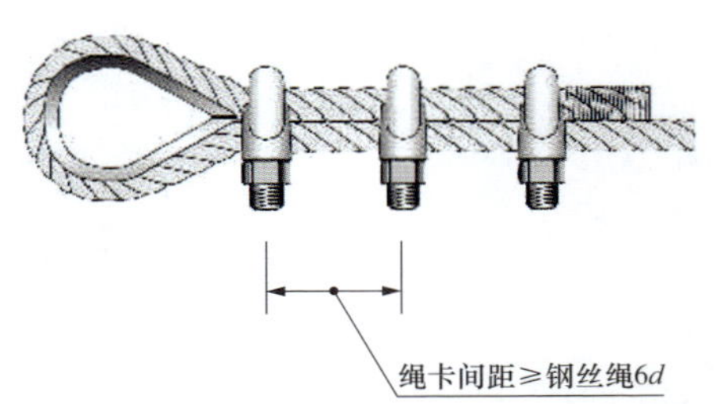

3. 花篮螺栓

钢丝绳采用不低于M12的花篮螺栓调节拉紧。

4. 锚点设置—硬化地面

钢板+螺栓固定

采用钢板打孔与不少于4颗膨胀螺栓固定，膨胀螺栓规格不低于M8×60。

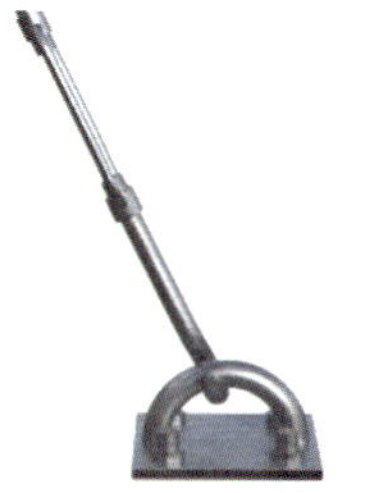

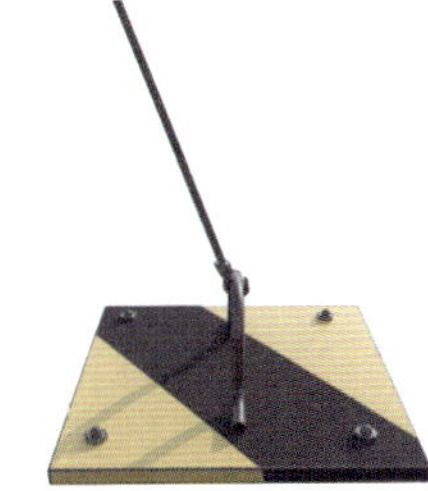

单个螺栓固定法

单个带钩型缆风绳连接锚固，螺栓规格不小于M10。

单个膨胀螺栓固定法只允许集装箱存放两个月内临时固定使用，不能用作长期固定使用。

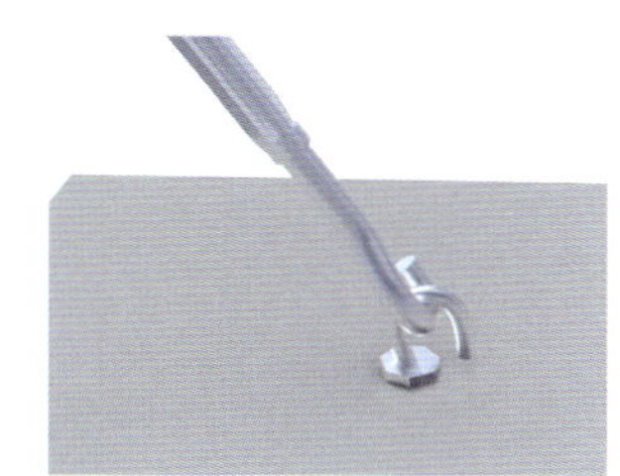

锚固连接

硬化地面存放的集装箱除设置缆风绳外，还应在四角钢梁柱底部打膨胀螺栓与地面直接锚固连接。

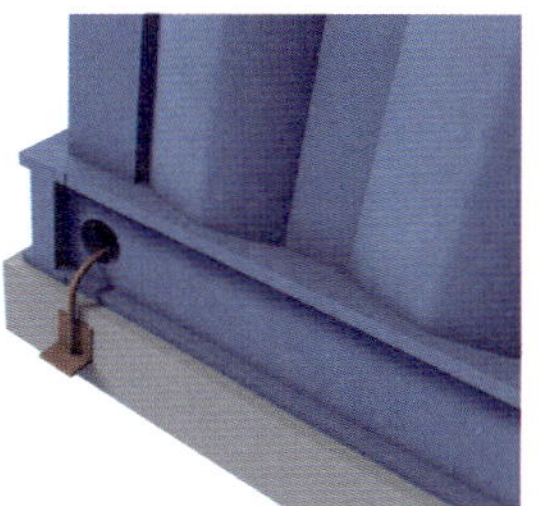

5. 锚点设置—软土地面

混凝土预埋锚点

长期使用、使用混凝土预埋锚点。

桩式地锚固定

短期使用、使用桩式地锚固定。

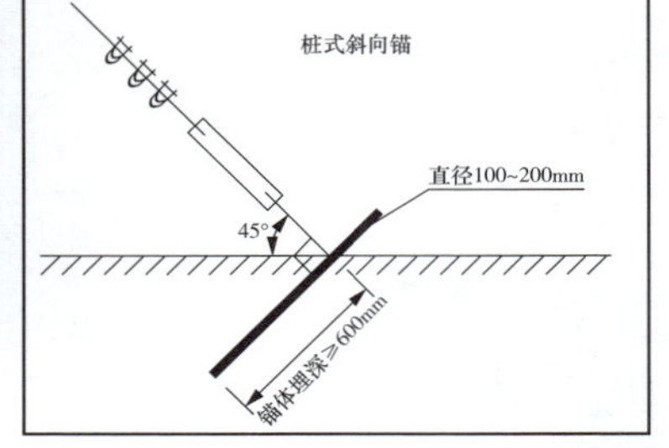

6. 集装箱连接固定

当多个、双层集装箱紧邻放置时，集装箱箱体间必须有效连接或焊接牢靠，形成整体增强抗风能力。

现场集装箱堆放使用不超过两层。

2.16.2.2 门窗、屋面、活动板房

1. 活动板房加固

施工现场搭建的临时彩钢瓦活动板房顶部屋面必须搭设钢管网格架压盖，网格架搭设时每个网格尺寸为1.5m×0.8m，在板房四面网格架边缘纵横杆上连接设置缆风绳，下端设置锚固点。

活动板房缆风绳、锚固点的设置方法、要求与集装箱相同。

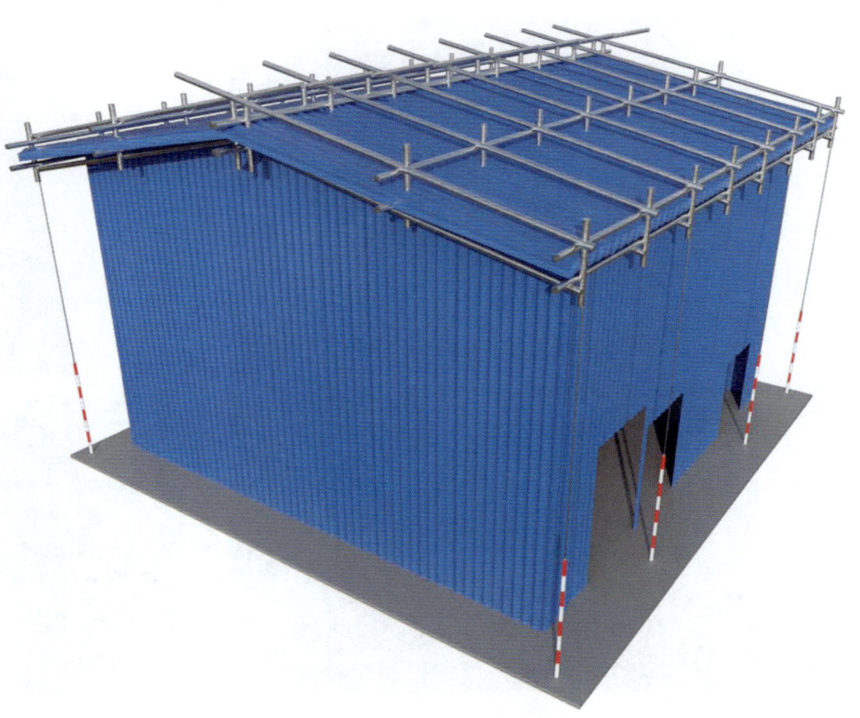

2. 窗户加固

窗户外侧采用木质防护板进行加固，窗户内侧使用两道角钢或槽钢加固。

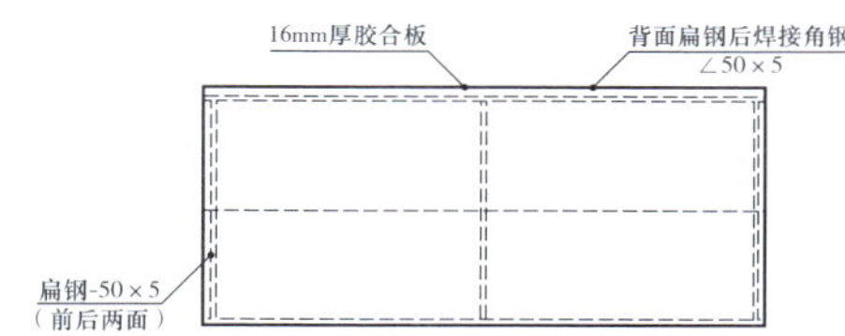

3. 门加固

底部轨道采用热轧钢轨（规格为38kg/m），底部滚轮采用起重机行车用行走轮，凹槽深度不小于15mm。

上部轨道采用规格不小于6 的槽钢作为导向轨道，轨道每隔1.5m 设置一道横向支撑与门洞位置的檩条焊接固定，檩条处焊接加劲肋，以保证足够的刚度。

4. 设置三道保护装置

两扇门之间通过不小于 ϕ 20mm 的圆钢穿销进行连接；

在底部钢轨焊接两个锁紧装置，分别固定两扇门；

在顶部导向轨道位置再焊接两个锁紧装置，分别固定两扇门。

内侧

外侧

Clean
Green
CGN
Nature
3　海上作业篇

3.1 交通船

3.1.1 交通船红线

交通船是指用于运输人员和货物的水上交通工具。它通常用于连接不同地点之间的水路交通，提供便捷的交通方式。同时，可提供安全保障，参与应急救援任务。

1. 交通船红线（如图中①所示位置）

2. 交通船项目标识（如图中②所示位置）

3.1.2 交通船登乘点

1. 登乘通道

登乘通道是港口码头接驳人员上下船所用的移动式登船设备。

2. 人员汇合点指示牌

内　　容：人员集合点。

3.1.3 登乘辅助人员

1. 登乘辅助人员

为确保登乘辅助人员能够安全、有效地辅助其他人员完成登乘过程，登乘辅助人员需装备反光背心、救生衣、安全帽、适宜的工作鞋靴以及通信设备以确保作业顺利进行。

2. 登乘辅助人员反光背心示意图

3.1.4 酒精测试

1. 酒精测试仪

通过检测船员体内酒精含量，预防酒驾、确保所有船员工作时保持清醒状态，并可用于事故后的调查分析。

所有人员上船前必须经过酒精检测，不合格不允许出海。

2. 酒精测试仪存放

应存放在休息室内，并设置明显存放点标识；

存放区域应干燥通风、温度稳定、尽量减少灰尘，避免剧烈振动，存放点需远离化学品并易于取用。

3.1.5 安全信息

内容：包括上下船信息登记、乘船安全须知、限载标识（人数+载重）、缆绳伤害标识、劳保穿着指令标识等。

（1）上下船信息登记表存放在休息舱室。

上下船信息登记表									
序号	姓名	单位、工种	身份证	联系方式	由码头至×××或由×××至码头	上（下）船时间	救生衣	安全帽	备注（血压、酒精含量）
1									
2									
3									
4									
5									
6									
7									
8									
9									
10									
11									

（2）乘船安全须知张贴于相应风险点显著位置。

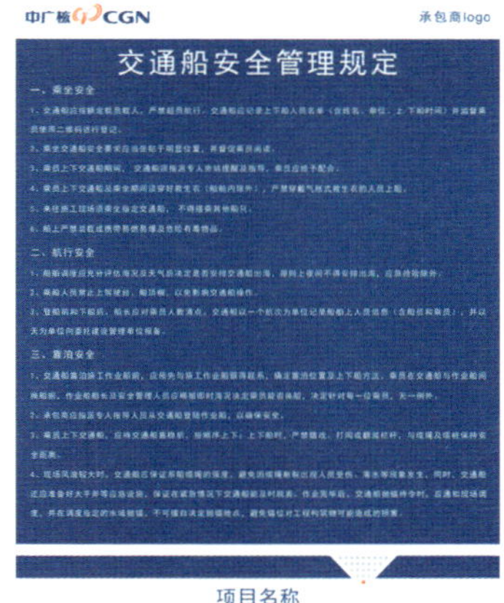
中广核CGN　承包商logo

交通船安全管理规定

一、乘坐安全

二、航行安全

三、靠泊安全

项目名称

（4）缆绳伤害标识张贴于缆绳可能接触到的风险点显著位置。

（3）限载标识张贴于驾驶室及甲板面显著位置（人数+载重）。

（5）劳保穿着指令标识张贴于相应风险点显著位置。

3.1.6 信息公告

内容：出海条件（浪高、风速、能见度）、船员信息（姓名、照片、职务）、船检公示、安全作业区域、温馨提示、消防演练和疏散演练等。公告牌尺寸不小于40cm×60cm，张贴于指定位置。

（1）出海条件需包括浪高、风速、能见度等要求，张贴于驾驶室。

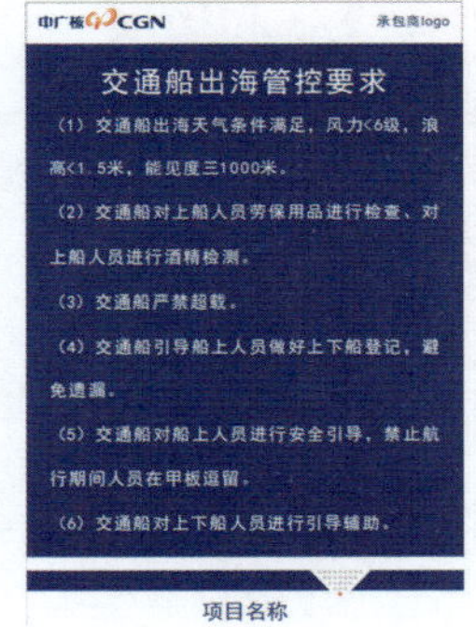

（2）船员信息张贴于船舶公共区域，如驾驶室入口或甲板的公告板上。

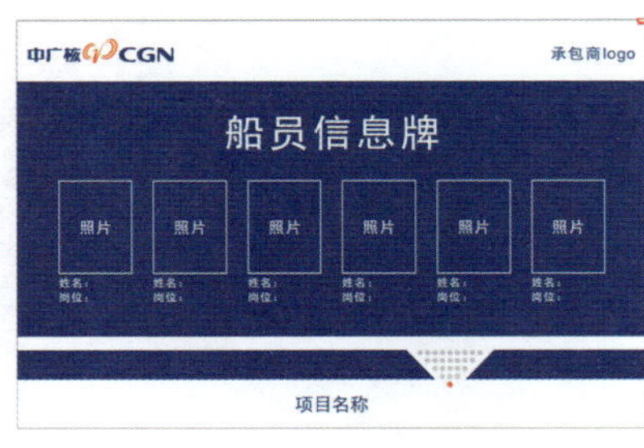

（3）船检公示张贴于至少两处及两处以上位置（如船头、驾驶室、甲板主通道、会议室等显著位置）。

（4）安全作业区域，指通航保障方案中规定的区域，张贴于驾驶室。

（5）温馨提示张贴于船舶公共区域。

（6）消防演练和救生演练公示张贴于驾驶室和主甲板面。

公告牌尺寸不小于40cm×60cm，材质不指定。

驾驶室内安全信息及信息公告主要内容：

（1）出海条件（见图中①）；

（2）限载信息（见图中②）；

（3）船检公示（见图中③）；

（4）安全作业区域（见图中④）；

（5）区域责任信息牌（见图中⑤）；

（6）应急疏散流程图及汇报流程（见图中⑥）。

船体及甲板上公共区域安全信息及信息公告主要内容：

（1）乘船安全须知、限载信息、船检公示、区域责任信息牌（如图中①所示位置）；

（2）缆绳伤害标识（如图中②所示位置）；

（3）劳保穿着指令标识（如图中③所示位置）。

3.2 自升式平台

1. 自升式平台红线

张贴位置：甲板显眼处、驾驶室（如图中①位置）。

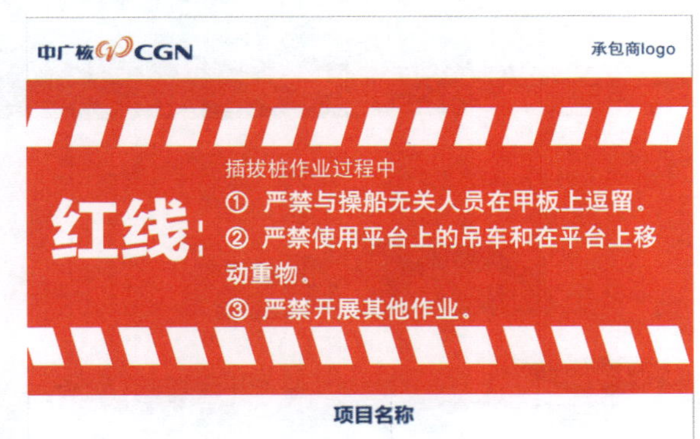

2.登乘吊笼

登乘吊笼是一种专用于海上作业人员的垂直运输设备，主要用于海上风电安装、海上石油平台等环境中，以便于人员安全、高效地在高处作业平台或船舶之间进行转移。

吊笼必须硬质，含中心柱，为内外两层结构。

吊笼的吊环上应有主副两套绳索。

（1）限载信息张贴于吊笼中心柱上（见图中①）。

（2）吊笼检验周期半年检测一次，检验标识挂在吊笼上（见图中②）。

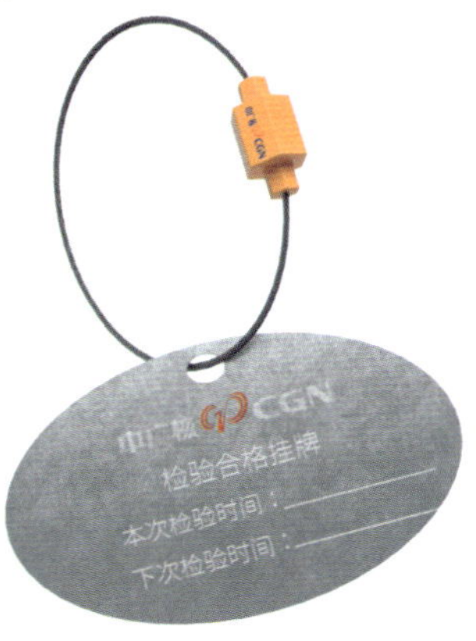

3.安全信息

内容：包括插拔桩标准流程图、缆绳伤害标识、风险地图（四色图）、船舶限载标识、职业健康危害告知、钢栈桥限重标识。

（1）插拔桩腿作业流程图放置于驾驶室。

（2）缆绳伤害标识张贴于缆绳可能接触到的风险点显著位置。

（3）风险地图张贴于甲板显眼处、主要过道（参照）。

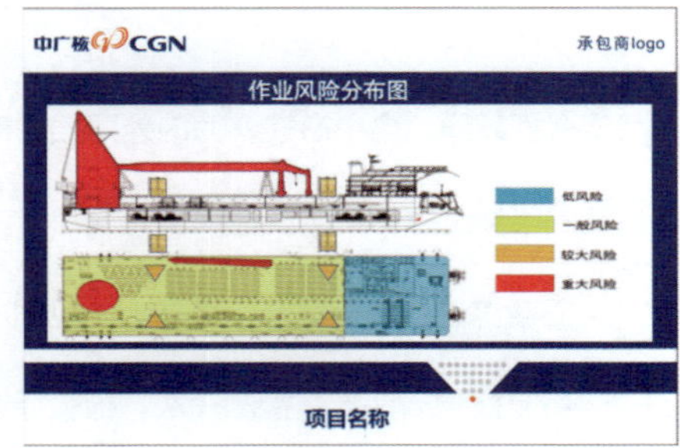

（4）限载标识张贴于驾驶室。

（5）职业健康危害告知（60cmx80cm）张贴于相应风险点显著位置（根据实际选择告知卡）。

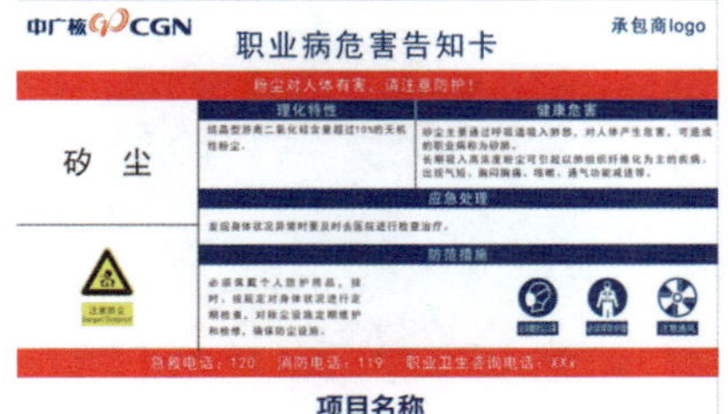

（6）钢栈桥限重标识张贴于栈桥内外显著位置。

4. 信息公告

内容：包括自升式平台安全管理要点、管理组织、区域责任信息牌、船舶经海事、第三方检验公示。

（1）自升式平台安全管理要点放置于驾驶室。

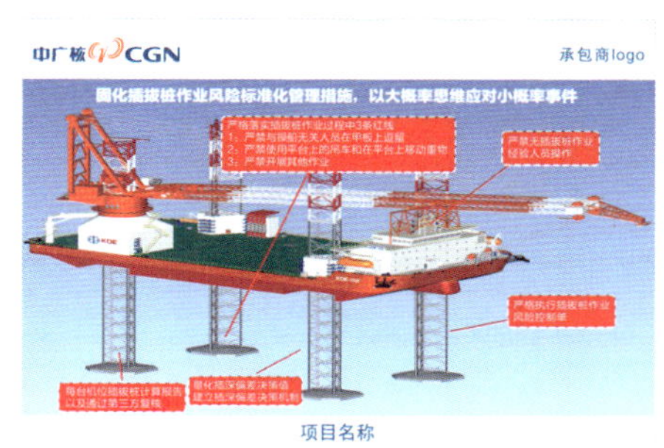

项目名称

（2）管理组织（施工方＋船舶）张贴于驾驶室，需有姓名、职务、联系方式等信息。

管理组织信息牌				
序号	姓名	职务	联系方式	备注

（3）区域责任牌张贴于船舶公共区域，如驾驶室入口或甲板的公告板上。

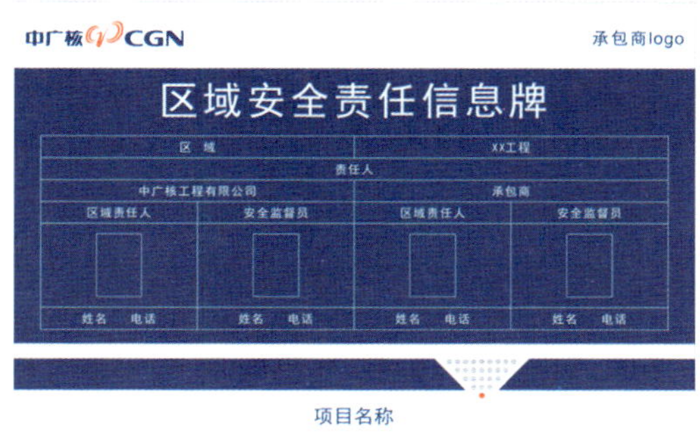

项目名称

（4）船舶经海事/第三方检验公示至少两处及两处以上位置张贴（如驾驶室、甲板主通道、会议室等位置）。

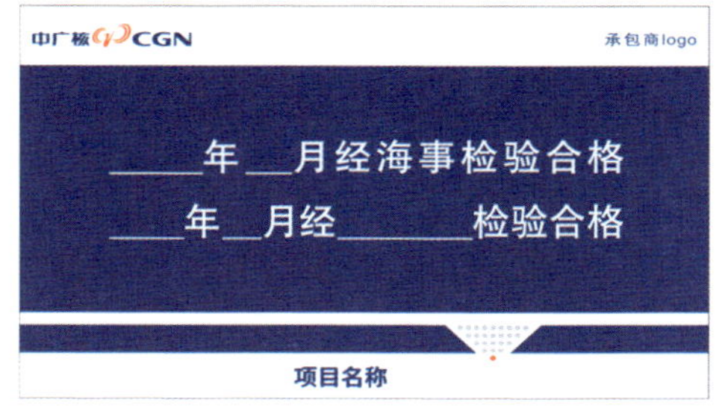

5. 自升式平台插桩点位记录

自升式平台插桩点位记录本，放置于驾驶室（操作台）。

<table>
<tr><th colspan="13">xx风电安装平台站桩及风机安装记录表</th></tr>
<tr><td colspan="2">平台名称</td><td colspan="4"></td><td colspan="2">当前机位</td><td colspan="5"></td></tr>
<tr><td colspan="2">作业地</td><td colspan="11"></td></tr>
<tr><td colspan="2">完成机位</td><td colspan="11"></td></tr>
<tr><td colspan="2">移船起止日期时间</td><td colspan="4"></td><td colspan="2">站桩起止日期时间</td><td colspan="5"></td></tr>
<tr><td colspan="2">降船起止日期时间</td><td colspan="4"></td><td colspan="2">拔桩起止日期时间</td><td colspan="5"></td></tr>
<tr><td>桩腿</td><td>坐标</td><td>最大拔桩载荷(T)</td><td>平台最大横倾</td><td>纵倾角度(°)</td><td>最大吃水深度(M)</td><td>桩腿</td><td>坐标</td><td>最大拔桩载荷(T)</td><td>平台最大横倾</td><td>纵倾角度(°)</td><td colspan="2">最大吃水深度(M)</td></tr>
<tr><td>1#桩</td><td></td><td></td><td></td><td></td><td></td><td>2#桩</td><td></td><td></td><td></td><td></td><td colspan="2"></td></tr>
<tr><td>3#桩</td><td></td><td></td><td></td><td></td><td></td><td>4#桩</td><td></td><td></td><td></td><td></td><td colspan="2"></td></tr>
<tr><td>1#桩</td><td colspan="2">预压载荷(T):</td><td colspan="2">保持时间:</td><td colspan="2">最大载荷(T):</td><td colspan="2">保持时间:</td><td colspan="2">入泥深度(m):</td><td colspan="2">水深(m):</td></tr>
<tr><td>2#桩</td><td colspan="2">预压载荷(T):</td><td colspan="2">保持时间:</td><td colspan="2">最大载荷(T):</td><td colspan="2">保持时间:</td><td colspan="2">入泥深度(m):</td><td colspan="2">气隙(m):</td></tr>
<tr><td>3#桩</td><td colspan="2">预压载荷(T):</td><td colspan="2">保持时间:</td><td colspan="2">最大载荷(T):</td><td colspan="2">保持时间:</td><td colspan="2">入泥深度(m):</td><td colspan="2"></td></tr>
<tr><td>4#桩</td><td colspan="2">预压载荷(T):</td><td colspan="2">保持时间:</td><td colspan="2">最大载荷(T):</td><td colspan="2">保持时间:</td><td colspan="2">入泥深度(m):</td><td colspan="2">记录人:</td></tr>
<tr><td rowspan="2">日期</td><td rowspan="2">时间</td><td colspan="2">1#桩腿</td><td colspan="2">2#桩腿</td><td colspan="2">3#桩腿</td><td colspan="2">4#桩腿</td><td rowspan="2">总载荷</td><td rowspan="2">倾斜角度（°）</td><td rowspan="2">入泥深度（m）</td></tr>
<tr><td>载荷(T)</td><td>位移(m)</td><td>载荷(T)</td><td>位移(m)</td><td>载荷(T)</td><td>位移(m)</td><td>载荷(T)</td><td>位移(m)</td></tr>
<tr><td></td><td></td><td></td><td></td><td></td><td></td><td></td><td></td><td></td><td></td><td></td><td></td><td></td></tr>
<tr><td></td><td></td><td></td><td></td><td></td><td></td><td></td><td></td><td></td><td></td><td></td><td></td><td></td></tr>
<tr><td></td><td></td><td></td><td></td><td></td><td></td><td></td><td></td><td></td><td></td><td></td><td></td><td></td></tr>
<tr><td></td><td></td><td></td><td></td><td></td><td></td><td></td><td></td><td></td><td></td><td></td><td></td><td></td></tr>
<tr><td colspan="13">升降系统作业过程异常情况记录/处理措施/处理结果</td></tr>
<tr><td colspan="13"></td></tr>
<tr><td colspan="13"></td></tr>
<tr><td colspan="13"></td></tr>
</table>

6. 冷风机

冷风机（如图中①所示位置）置于平台上，输送管道通过栈桥向风筒供风，给塔筒内施工作业人员降温，提供舒适的作业环境。

7. 钢栈桥

钢栈桥（如图中②所示位置）上应有必要的救生设备及限载牌。

3.3 起重船

起重船是一种专门用于水上起重作业的工程船舶，也被称作浮吊或浮式起重机，广泛应用于海上大件吊装、海上救助打捞、桥梁工程建设和港口码头施工等多个领域。

1. 起重船红线

内　　容：打桩期间，稳桩平台上不得留人。

张贴位置：甲板显眼处、主要过道、驾驶室内。

①—起重船红线；②—风险地图；③—缆绳伤害标识；④—职业危害告知；⑤—限载标识；⑥—管理组织；⑦—船检公示

2. 登乘吊笼

登乘吊笼是一种专用于海上作业人员的垂直运输设备，主要用于海上风电安装、海上石油平台等环境中，以便于人员安全、高效地在高处作业平台或船舶之间进行转移。

吊笼必须硬质，含中心柱，为内外两层结构。

吊笼的吊环上应有主副两套绳索。

（1）限载信息张贴于吊笼中心柱上（见图中①）。

（2）吊笼检验周期半年检测一次，检验标识挂在吊笼上（见图中②）。

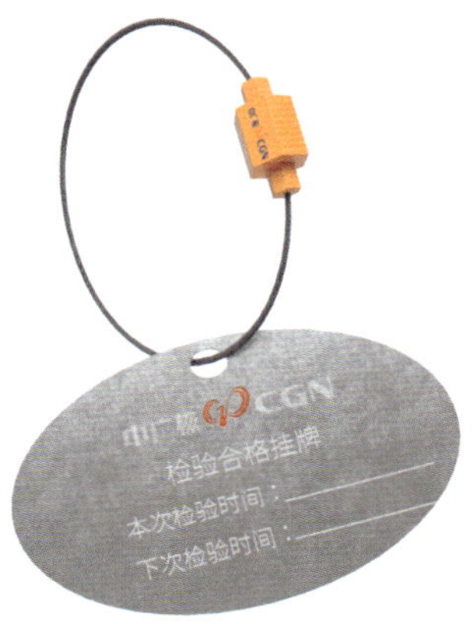

3. 安全信息

内容：包括风险地图、缆绳伤害标识、职业危害告知、限载标识等。

（1）风险地图即船上风险分布图，张贴于甲板显眼处、主要过道。

（2）缆绳伤害标识张贴于缆绳可能接触到的风险点显著位置。

（3）职业健康危害告知（60cmx80cm）张贴于相应风险点显著位置，根据职业病危害因素选取合适的告知卡。

（4）限载标识张贴于驾驶室。

4.信息公告

内容：管理组织，船舶经海事、第三方检验公示。

（1）管理组织信息牌张贴于船舶公共区域，如驾驶室入口或甲板的公告板上，应包括施工方和船舶方主要管理人员信息。

中广核 CGN　　承包商logo

管理组织信息牌

姓名	单位	职务	联系电话

项目名称

（2）船检公示张贴于至少两处及两处以上位置张贴（如船头、驾驶室、甲板主通道、会议室等显著位置）。

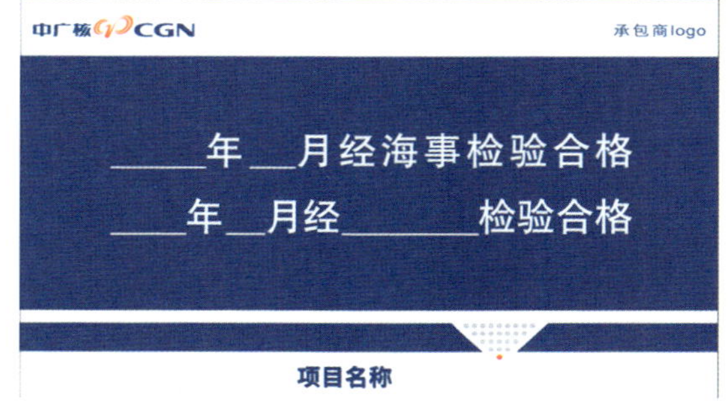

5. 甲板安全通道

甲板安全通道是确保船员在执行任务时能够安全移动的重要设施（如图①所示位置）。

样式：采用黄线，黄线之间可填充黄色，内部可以标记“安全通道”四个字。

走道宽度应不小于1.2m。

货物堆放不能堵塞船甲板安全通道，以保证人员的安全。

6. 打桩锤、振动锤

打桩锤和振动锤是两种在海洋工程中用于将桩体打入海床的设备，在海上风电建设、跨海大桥等大型基础设施项目中发挥着重要作用。

货物堆放不能堵塞船甲板安全通道，以保证人员的安全。

油管接头断开防护绳是一种安全装置，主要用于防止油管或液压管在高压状态下意外断开时，管内油液喷射伤人或对设备造成损害。

①—警戒区（实体防护）；②—警示标志（禁止靠近）；③—油管接头断开防护绳；④—油管高压警示标志

7. 稳桩平台

稳桩平台，也称为打桩平台或桩基施工平台，是用于海上或近海施工的一种临时结构，它为打桩作业提供了一个稳定的工作面。平台应配备必要的安全设施，如救生设备、警示系统等，以确保施工安全。打桩完成后，在桩顶上安装警示灯。

（1）救生圈（4面防护栏杆，每个栏杆1个救生圈，见图中①）；

（2）指令标识（救生衣、劳保用品，见图中②）

①—救生圈；②—指示标识

8. 永磁吸盘

在起吊钢桩过程中，作业人员需要上钢桩对夹具调整时，因钢桩高度为3.3m，表面有弧度，存在高处坠落较大风险，且现场无安全带挂点，采用永磁吸盘作为磁铁式防坠器，永磁吸盘在钢桩上吸附固定，人员安全带挂在卸扣上，降低了人员坠落风险。

卸扣处挂安全带双钩。

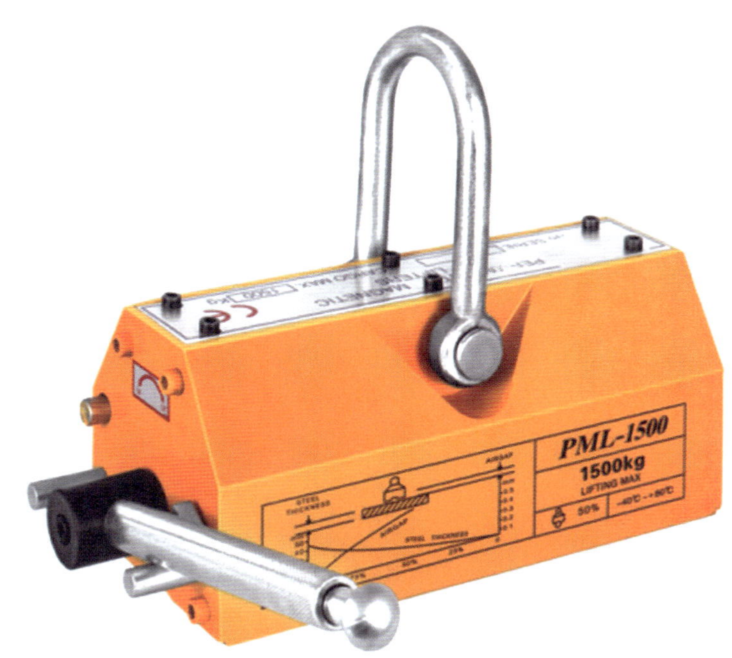

3.4 海缆敷设船

1. 海缆敷设船红线（如图中①所示位置）

内　　容：抛锚必须经过审批。

张贴位置：甲板显眼处、驾驶室。

2. 甲板面安全通道（如图中②所示位置）

甲板上黄线标识，双黄线之间为安全通道，通道保持畅通，不得有物体阻挡。

3.安全信息

内容：包括风险地图、缆绳伤害标识、职业危害告知、限载标识等。

（1）风险地图张贴于甲板显眼处、主要过道（见图中①）。

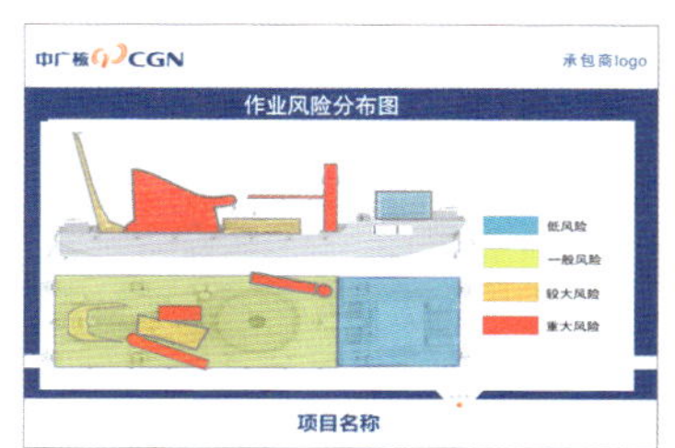

（2）缆绳伤害标识张贴于缆绳可能接触到的风险点显著位置（见图中②）。

（3）职业健康危害告知（60cmx80cm）张贴于相应风险点显著位置，根据需要选择相应的告知卡（见图中③）。

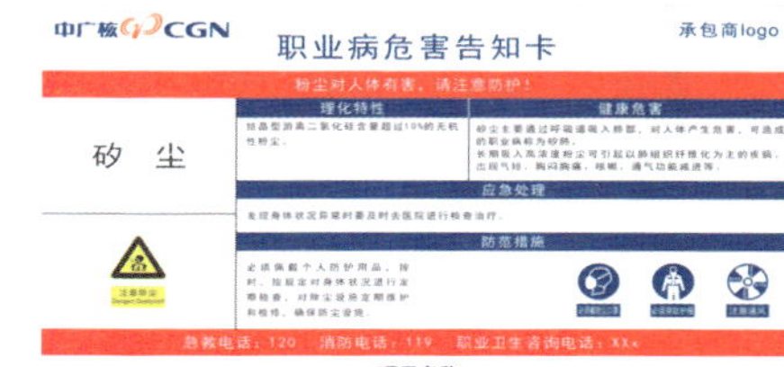

（4）限载标识张贴于驾驶室（见图中④）。

4.信息公告

内　　容：管理组织，船舶经海事、第三方检验公示。

（1）管理组织信息牌张贴于船舶公共区域，如驾驶室入口或甲板的公告板上，应包括施工方和船舶方主要管理人员信息。

中广核 CGN　　承包商logo

管理组织信息牌

姓名	单位	职务	联系电话

项目名称

（2）船检公示于至少两处及两处以上位置张贴（如船头、驾驶室、甲板主通道、会议室等显著位置）。

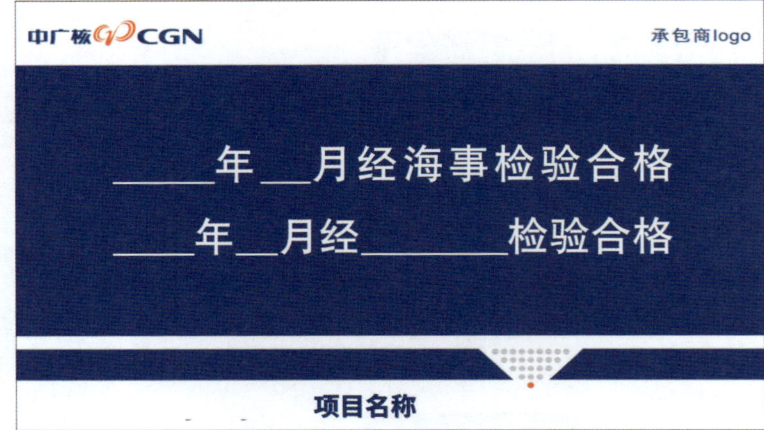

5.海缆转盘

警戒区：海缆转盘1m处应设为警戒区，划黄实线警示。

警示标志：警戒区周边应张挂警示标识，如禁止靠近、禁止跨越等。

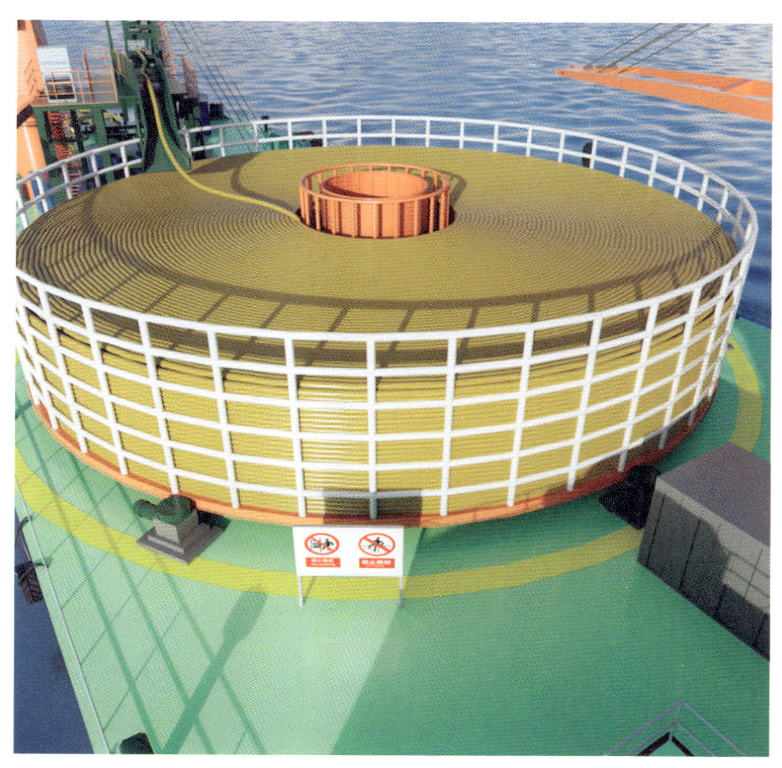

3.5 辅助船舶

3.5.1 锚艇

锚艇是一种专用的工程船舶，主要用于大型工程船舶起抛锚、吊装吹砂管及船舶短途拖带等作业。

1. 安全信息

缆绳伤害标识、劳保穿着指令标识等。

（1）缆绳伤害标识张贴于缆绳可能接触到的风险点显著位置（如图中①所示位置）。

（2）劳保穿着指令标识张贴于相应风险点显著位置（如图中②所示位置）。

2. 信息公告

内容：管理组织，船舶经海事、第三方检验公示。

（1）管理组织信息牌张贴于船舶公共区域，如驾驶室入口或甲板的公告板上，应包括施工方和船舶方主要管理人员信息（如图中③所示位置）。

（2）船检公示于至少两处及两处以上位置张贴（如船头、驾驶室、甲板主通道、会议室等显著位置，如图中④所示位置）。

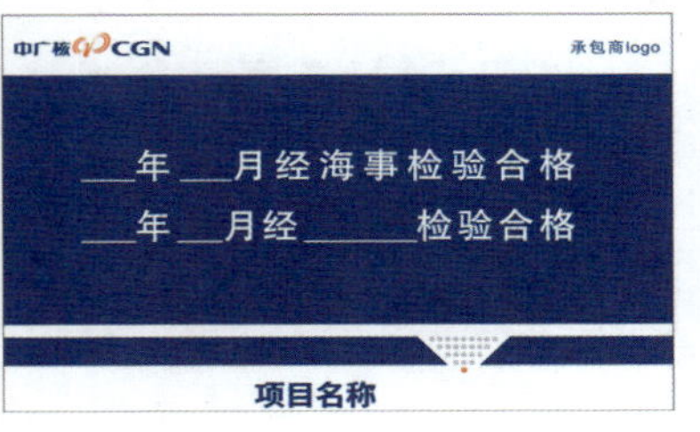

3.5.2 拖轮

拖轮一种专门用于拖带或推动其他船只的船舶，主要用于拖带或推动其他船只在港口内进行移位、靠离码头、进出船闸等操作。此外，拖轮还可用于救援遇险船只、执行海上消防任务、协助海上施工作业等。

安全信息及信息公告

内容与锚艇相同。

（1）缆绳伤害标识（如图中①所示位置）：

张贴于缆绳可能接触到的风险点显著位置。

（2）劳保穿着指令标识（如图中②所示位置）：

张贴于相应风险点显著位置。

（3）管理组织信息牌（如图中③所示位置）：

张贴于船舶公共区域，如驾驶室入口或甲板的公告板上，应包括施工方和船舶方主要管理人员信息。

（4）船检公示（如图中④所示位置）：

于至少两处及两处以上位置张贴（如船头、驾驶室、甲板主通道、会议室等显著位置）。

3.6 风机和海上升压站

警示标志（高处坠落警示标志、落物伤人警示标志、火灾警示标志）设置在风机平台（底座）四周。

1. 塔筒升降机（电梯）

操作规程牌、验收公示设置在电梯口和电梯机房，如图中①所示位置。

2. 风机内爬梯

防坠器滑块设置在爬梯部位，使用风机内爬梯，人员须做好防护措施，戴好安全帽，穿全身式安全带，安全带卡扣连接风电用防坠器滑块，滑块卡入导轨中。

爬梯附近显眼处应张贴警示标牌（当心坠落、戴好安全帽等）。

3.轨道式防坠器（风电滑块）

主要用于风机垂直轨道或导轨上，采用自锁制动式防坠模式，专门用于风力发电运维、风机定检、风塔吊装等风电工作。

使用前检查产品的外观及功能。导轨、爬梯紧固件和防坠器是否完好，检查是否有污渍、若有请及时清理。

使用前应注意滑块有效期，使用年限内可使用。

应正确安装使用，按照滑轨防坠器向上标识保持向上，旋紧旋转总成。

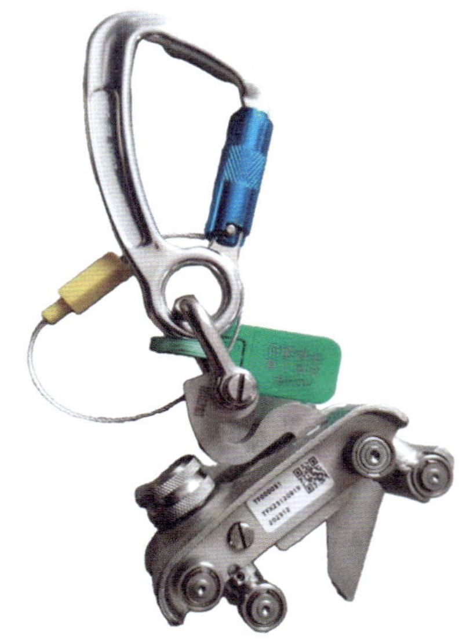

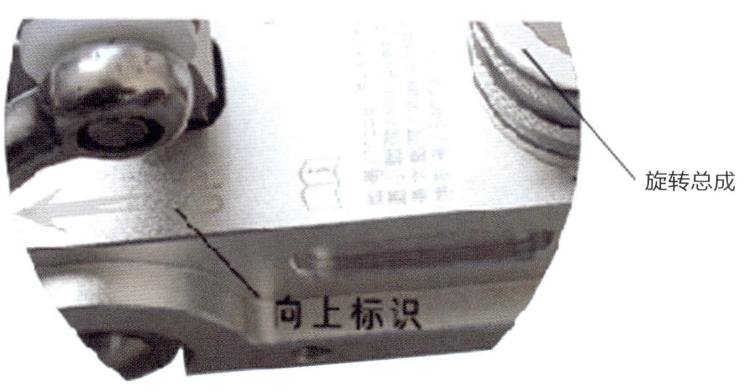

4. 升压站

升压站是电力系统中的一个重要组成部分，主要用于将发电站产生的电能电压提升到更高的水平，以便于长距离的高压输电。这样做可以减少输电过程中的电能损耗，提高输电效率。

安全信息包括人员上下升压站信息登记及风险告知：

（1）人员上下升压站信息登记放在升压站室内（如图中①所示位置）。

人员上下升压站信息登记					
日期	上升压站时间	姓名	岗位	事由	离开升压站时间

（2）风险告知张贴升压站室门口显眼处（如图中②所示位置）。

5. 升压站

吸烟点

要设置吸烟点信息牌（包括吸烟点指示牌及吸烟点标识牌），地面划黄色线标明吸烟点位置。

3.7 危化品储存间

危险化学品储存间应设安全设施，上锁管理，与产生明火或散发火花区域保持安全距离，符合 GB 50016 、GB 18265 的要求；

应建立危险化学品储存信息管理系统，按照类别及储存量进行分级管理，实时记录作业基础数据。

外侧要求

安全标识

库房门口应张贴禁止烟火、责任信息牌、危化品MSDS及其他安全标识。

应急设施

应急救援物资配备，应符合GB 30077的要求。

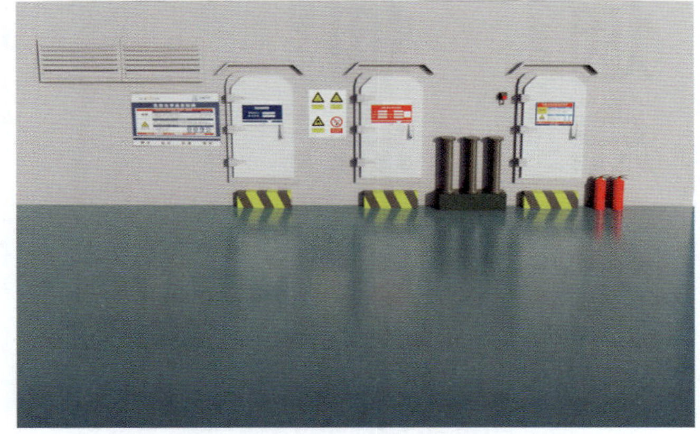

3.7.1 通用要求

1. 消防设施（见图中①）

配备符合规范的灭火器材（消防球、灭火效能不小于89B的灭火器），不应遮挡消火栓、排烟口，应保证消防通道畅通。消防器材配备类型如下：

储存化学品类型	消防器材
可燃和助燃气体	“干粉、砂土”一类设施
易燃和可燃液体	“泡沫、干粉、二氧化碳”一类设施，但酸醚、酮等溶于水的易燃液体，需配备“抗溶性泡沫”设施
易燃和可燃固体	“泡沫、干粉、砂土、二氧化碳或雾状水”一类设施
自燃性物质	“水、干粉、砂土、二氧化碳”
遇水燃烧物质	“干粉、干砂土”
氧化剂类	“干粉、水、二氧化碳”

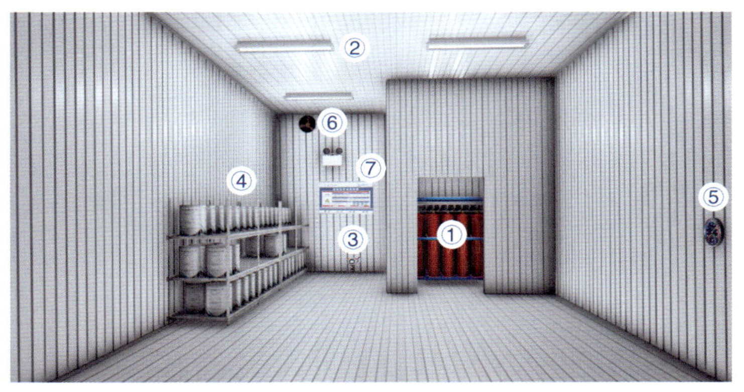

2. 电气设施（见图中②）

易燃易爆危化品的储存间内电气设备、输配电线路和装卸搬运机械工具应采用符合要求的防爆型；

排风扇、金属货架等应设有导除静电的接地装置。

3. 监测报警设施（见图中③）

产生可燃气体、有毒气体的场所应设置可燃气体和有毒气体报警装置，安装高度应当符合可燃气体（有毒气体）与空气比重的要求；

探测器及监测系统视具体合适选型。

4. 危化品储存（见图中④）

采用隔离储存、隔开储存、分离储存的方式对危险化学品进行储存；

储存液态和半固态危险化学品应采取防溢流措施，如设置防渗托盘。

5. 温湿度控制（见图中⑤）

宜根据温度控制需要设置湿温度计和空调系统。

6. 通风装置（见图中⑥）

必须采取有效的通风排气措施。

7. 安全标识（见图中⑦）

储存间应张贴危化品风险告知牌、安全标志、化学品安全技术说明书。

参考标准：《危险化学品仓库储存通则》（GB 15603—2022）
《易制爆危险化学品储存场所治安防范要求》（GA 1511—2018）
《毒害商品储存养护技术条件》（GB 17916—2013）

3.7.2 气瓶

1. 气瓶运输小车

采用防倾倒三角稳定结构设计，带防坠落绑扎设施，在气瓶运送过程中进行捆绑，减少人工搬运，保障气瓶运输安全。蓝色气瓶手推车搬运氧气、氩气及二氧化碳气瓶，白色气瓶手推车搬运乙炔，并设置防晒罩。如上下楼搬运可将推车轮按需进行改装。

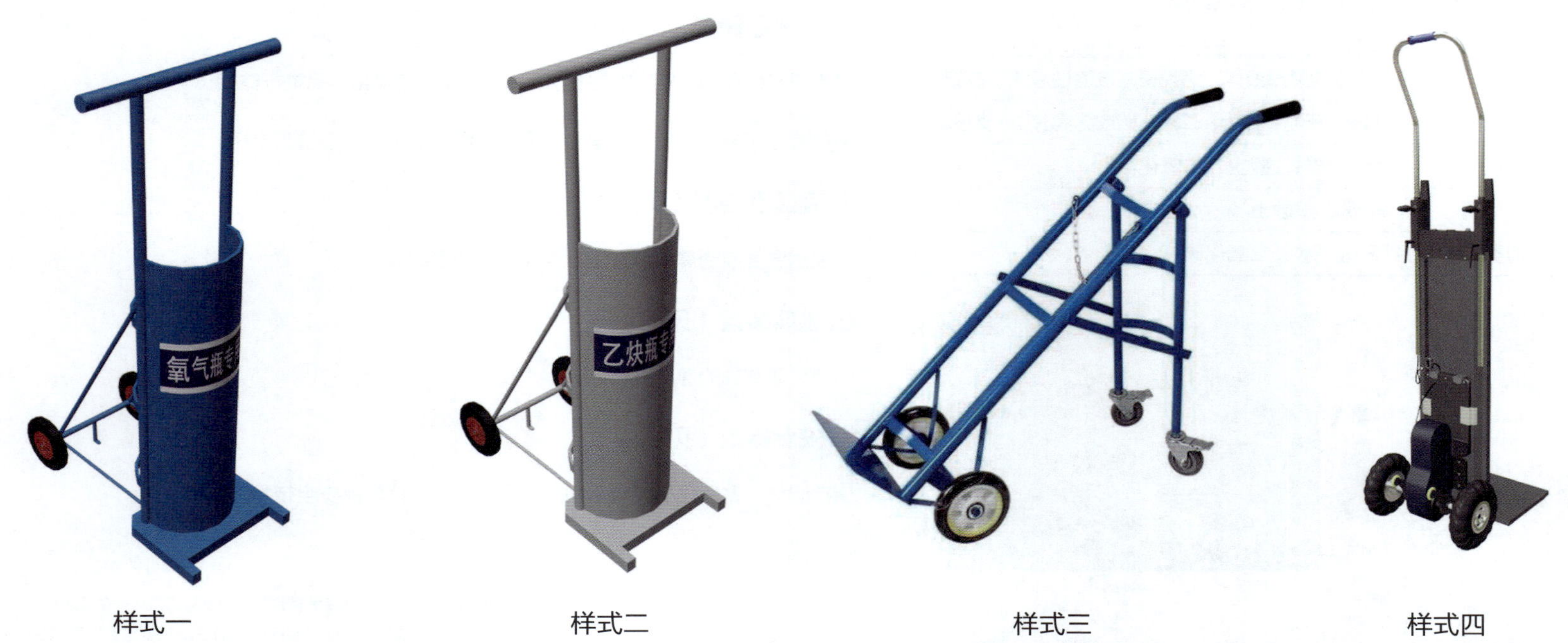

样式一　样式二　样式三　样式四

2. 气瓶存放架

采用弧形设计，上下双链保护，既保证气瓶竖直放置，又能紧贴瓶身，防止晃动。尺寸需要结合气瓶的实际尺寸进行制作。

4. 气瓶吊笼

气瓶吊笼需要根据悬吊气瓶的数量和尺寸实际进行制作，应悬挂警示标牌（禁止烟火）和安全责任牌。

3. 临时存放

应存放在专门气瓶存放柜，空瓶、实瓶和不合格瓶应分别存放，设置明显标识及警示标牌；临时存放区域应避开通道，并就近放置灭火器，由专人管理。

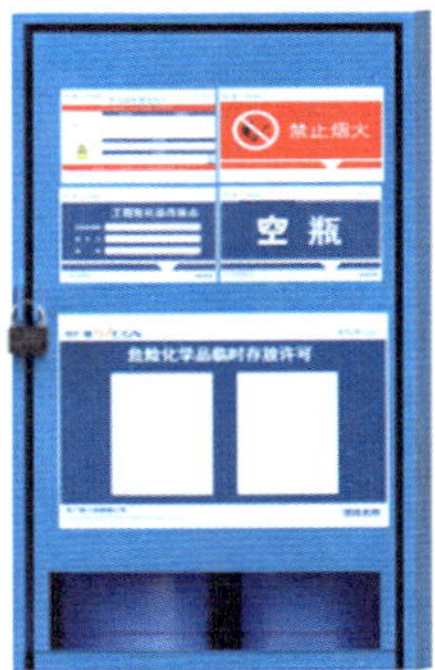

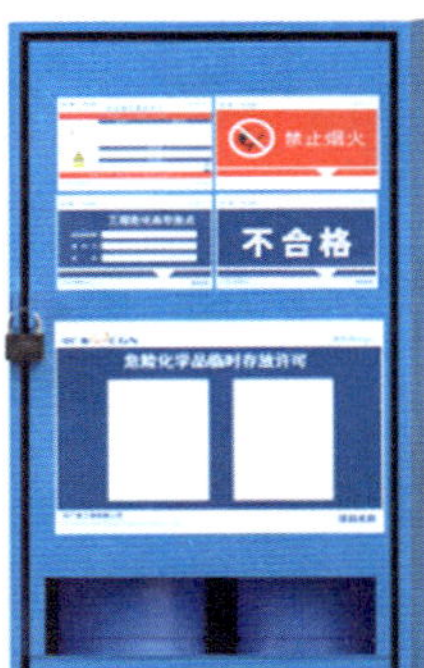

3.8 施工器具

1.起重机、叉车

起重机应设置以下安全信息牌，主要包括：操作人员信息牌、设备操作规程牌、起重机钢丝绳电磁检测公示、刹车带、刹车片更换标准公示，各项标识牌应张贴在起重机下方显眼处，如图中①所在位置，标识牌形式见图例，具体信息由现场施工方自行张贴/填写。

2. 工器具

对于服务用于海上风电项目的工器具进行挂牌，挂牌如下所示：

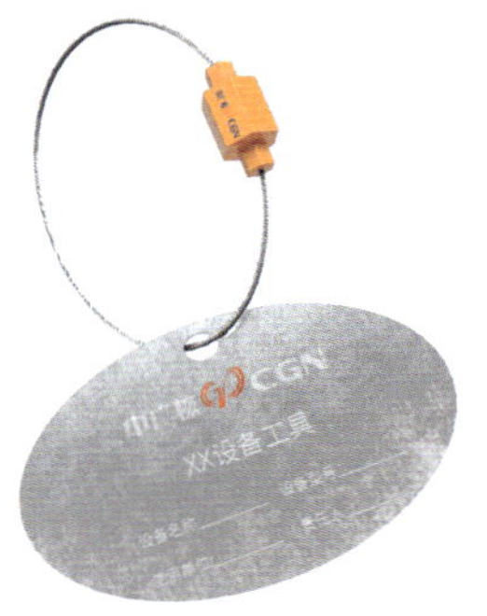

4. 钢丝绳 / 吊带挂架

钢制挂架，固定在船舶仓库、工具房的墙面上，用于悬挂钢丝绳、吊带。

3. 吊索具季度检验挂牌

吊索具按季度进行检验，合格后挂吊索具检验合格牌，

合格牌上应记录本次检验时间并明确下次检验时间。

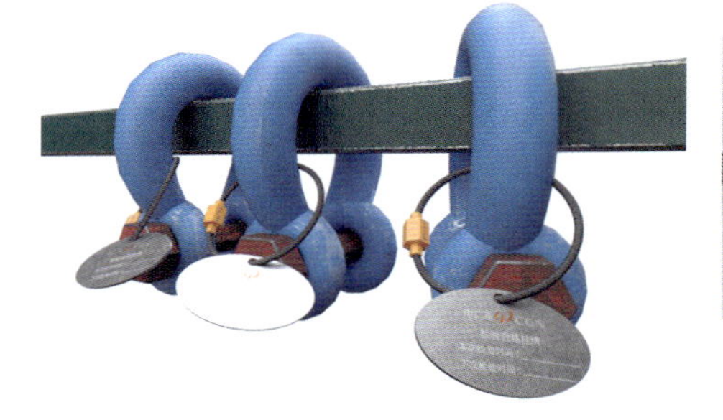

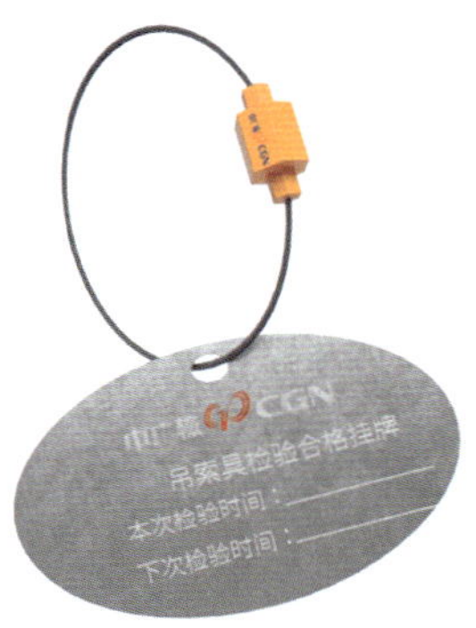

5. 移动式升降平台

移动式升降平台红线：严禁在船舶浮态情况下使用。

伸出部分应悬挂或粘贴“伸出平台不得超过2人使用”的警示牌并涂刷黄黑警示色，当伸缩平台出现故障时，应有手动缩回装置。

要有操作规程、限载牌、警示牌，张贴在平台上或底座显眼处（如图中①所示位置）。

6. 成品式移动平台

带脚轮或导轨，可移动的脚手架操作平台。

面积不宜大于10m²，高度不宜大于5m，高宽比不应大于2:1，施工荷载不应大于1.5kN/m²。

轮子与平台架体连接应牢固，立柱底端离地面不得大于80mm，行走轮和导向轮应配有制动器或刹车闸等制动措施。

移动式行走轮承载力不应小于5kN，制动力矩不应小于2.5N·m，架体应保持垂直，不得弯曲变形，制动器除在移动情况外，均应保持制动状态。

移动式操作平台移动时，操作平台上不得站人。标识标牌可以悬挂在移动平台的侧面。

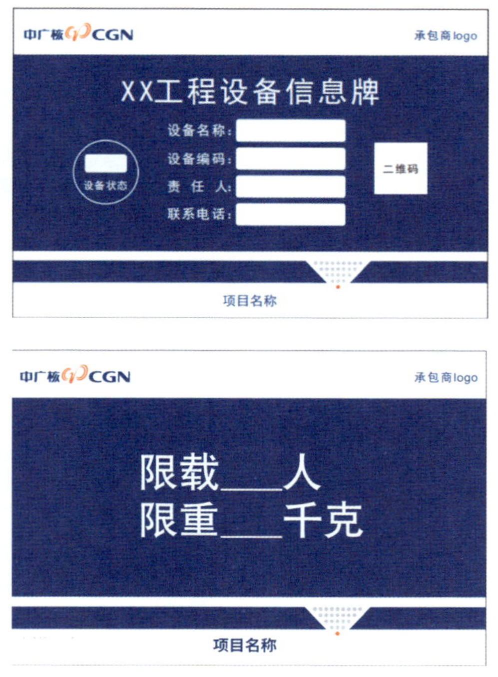

7. 叉车

叉车驾驶员必须经过专业培训，取得特种作业操作证。

有设备责任信息牌、设备操作规程牌。

叉车启动前，确认叉车四周无人和障碍物。

叉车作业中司机必须使用安全带。

8. 工具房

根据工具物料间的面积、门窗位置及要存放的货架、工具柜、工作台、小型设备等数量和规格大小情况，对工具物料间进行功能规划和区域划分。

工具、物料摆放整齐、合理，使货架和工具柜空间的利用率最大，取放工具物料方便、高效；通道合理且畅通。

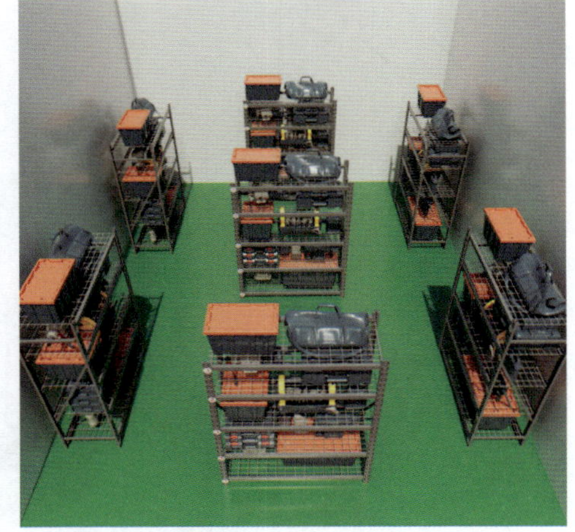

3.9 物料存放

物料应整齐堆放在稳固、防滑的表面上，避免堆放过高，防止移位或倾倒。重的物料应放在靠近船中心位置，以保持船只的稳定性。物料堆放区域应有清晰的标识，指示不同的物料类型和堆放限制。安全通道不得堆放物料。定期对物料堆放区域进行检查，确保堆放的物料状态良好，没有损坏或腐蚀。

1. 物料存放信息牌

2. 物料存放围挡

设置要求：存在明显人身伤害风险的区域（如存在落物打击、机械伤害风险区域），使用红白警示围栏或警示带设置全封闭，并悬挂警示标识；不存在明显的人身伤害的区域，使用黄黑警示围栏隔离物料存放区。

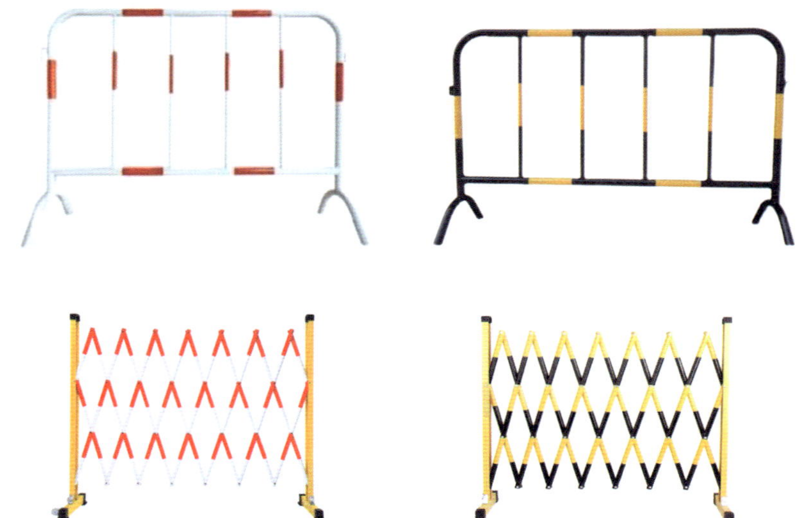

3.10 环境保护

垃圾应分类及时回收，按可回收、厨余、有害和其他垃圾等进行划分。

3.11 应急

1. 应急响应流程图及联络表

至少两处及两处以上位置张贴（如驾驶室、甲板主通道、会议室等位置），

内容参考如下：

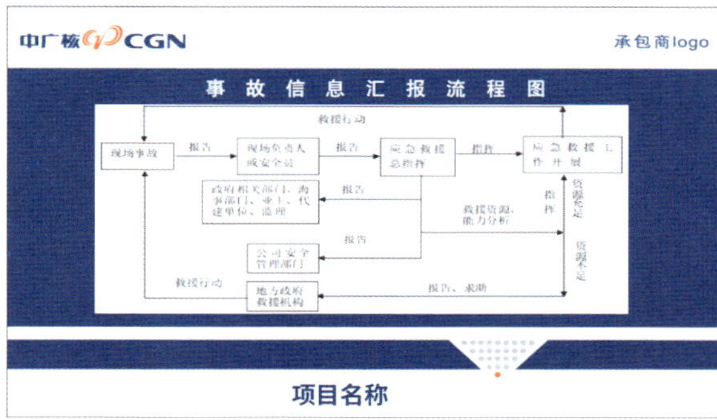

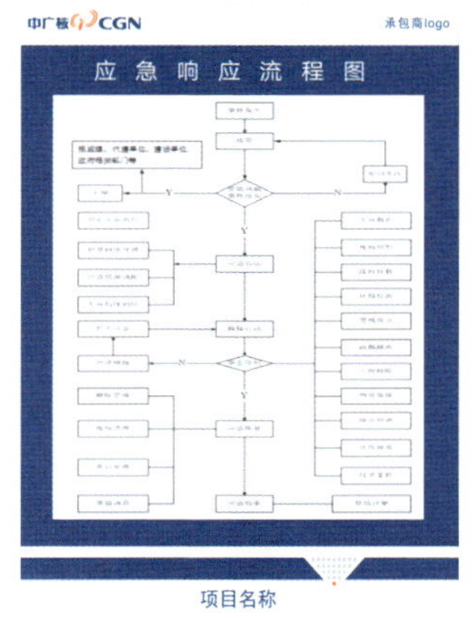

2. 消防、救生应急演练公示

按照海事的要求，公示“消防”“救生”应急演练情况。

张贴位置：驾驶室和主甲板面。

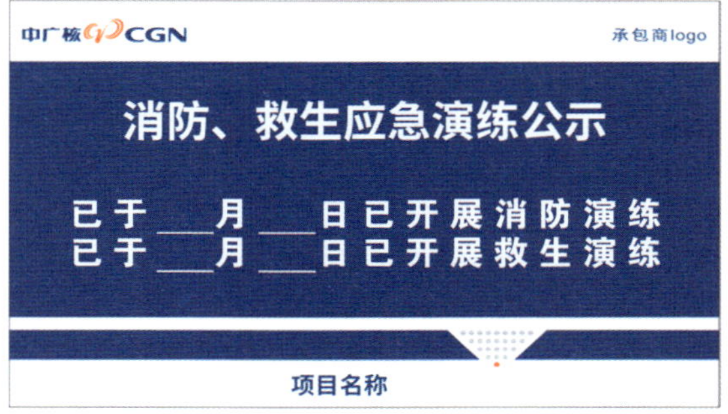

3. 应急物资清单

必备应急物资清单：

（1）救生衣（数量为本单位入场人数的120%，非气胀式）；

（2）担架（带有身体固定装置）；

（3）应急通信设备（甚高频对讲设备、海事卫星电话等）；

（4）船用载人吊篮；

（5）急救箱（附药品）；

（6）AED（自动体外除颤仪）；

（7）防疫物资（含环境消杀物资、个人防护用品、疫情隔离用品等）。

以上第（2）项至第（6）项如入场施工船舶、平台已配备，施工单位无须重复配置，但船舶、平台入场时需查验物资实际状态。

推荐清单：

（1）带有定位装置和报警功能的电子设备；

（2）船用载人蛙式吊篮（可运输担架）。

上述物资施工单位须保证符合国家有关法律、法规、规章、标准的安全与质量要求，有出厂合格证书或检验合格证书。

4. 单架

材质要求：硬质。

功能要求：可吊运。

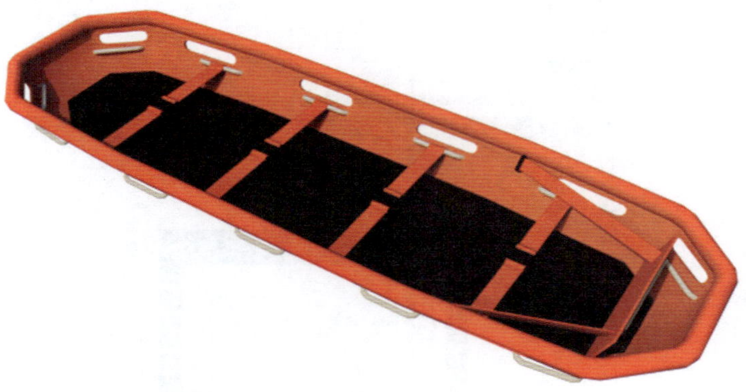

5. 急救箱

急救箱放置地点：医务室、主甲板面。

内附药品清单。

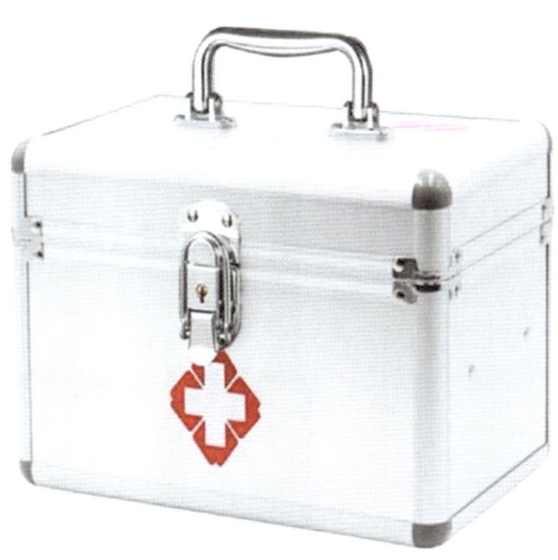

急救箱(配置清单详见下表，带有“※”为必选配置)			
药品/物资名称	数量	用途	备注
医用酒精	1瓶	消毒伤口	※
新洁尔灭酊	1瓶	消毒伤口	
过氧化氢溶液	1瓶	清洁伤口	
0.9%的生理盐水	1瓶	清洁伤口	※
脱脂棉花	2 包	清洁伤口	※
脱脂棉签	5 包	清洁伤口	※
中号胶布	2 卷	粘贴绷带	※
绷带	2 卷	包扎伤口	※
剪刀	1支	急救	※
镊子	1支	急救	※
医用手套	按需	防止伤口感染	
医用外科口罩	按需	防止伤口感染	
烫伤软膏	1支	烫伤	※
创可贴	1盒	止血	※
云南白药气雾剂	1盒	瘀伤扭伤	※
冰袋	1 个	瘀伤扭伤	
止血带	2 个	止血	※
止血纱布	2包	止血	※
三角巾	3包	固定敷料或骨折处	※
高分子急救夹板	1 个	固定骨折	※
血压计	1 个	血压测量	※
口对口呼吸器	1 个	人工呼吸	※
氧气枕	1 个	人工呼吸	※
速效救心丸	2 瓶	心血管疾病	※
硝酸甘油	2 瓶	心血管疾病	※
体温计	2支	体温测量	
急救毯	1 个	急救	
手电筒	2 个	应急照明	

6. AED

AED（自动体外除颤器）是一种医疗设备，用于诊断特定的心脏异常并提供电击以尝试纠正这些异常。AED通常用于治疗心脏骤停，特别是由心室颤动（VF）或无脉性室性心动过速（VT）引起的情况。

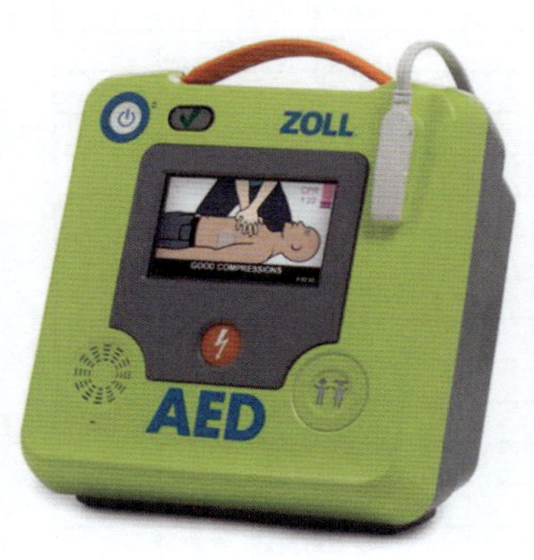

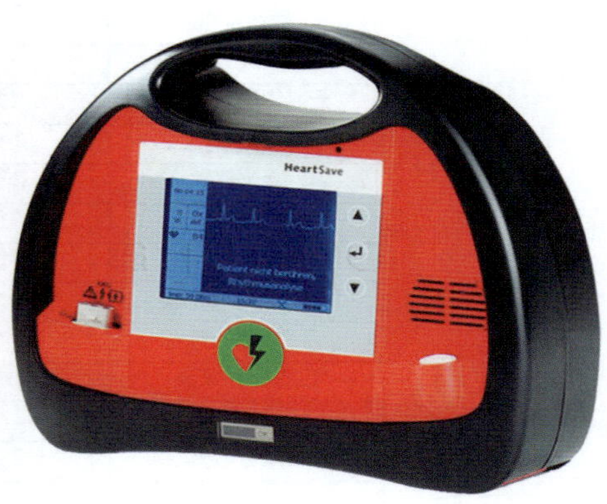

7. 卫星电话

卫星电话，也称为卫星中继电话或海事卫星电话，是一种通过卫星通信系统进行通信的移动电话。

全球覆盖：通过地球轨道上的通信卫星传输信号，可在全球任何地方使用。

紧急通信：在自然灾害或紧急情况下，可以作为重要的通信手段。

耐用性：能够承受恶劣环境条件。

8. 甚高频通信系统

甚高频是一种使用抗干扰能力强、以空间波传播、调频式甚高频（30~300MHz无线电波）的无线通话设备，一般用于船舶与沿航线港口作进出港联系、船舶与沿航线航标站联系航道情况、船舶之间作航行联系、本船队之间作业联系和其他通信联系(如应急、呼救等)。

9. 应急集合点设置（T卡/信息牌）

应急集合点设置在救生艇附近，在显著位置处放置T卡箱用于放置T卡。

未经船舶船长或海上安装经理的事先批准，任何人员不得登船或离开驳船。

所有人员在登船前必须完成“三级安全教育”，登船后听从安全管理人员的安全指引，向T卡管理员索要一张T卡(现场人员和访客为蓝色T卡，有应急职责的人员为红色T卡)。

登船人员领取T卡后，应将其T卡插入相应集合点的T卡箱里。所有人员在离开船舶之前必须将T卡取回并交还给T卡管理人员。

演习或发生火灾、弃船等警报的时候，所有达到应急集合点的人员，必须将其T卡反向插入T卡箱的插槽里(有名字、房间号、床位号等信息的一面朝内，空白的一面朝外便于清点人数)。不得为别人翻T卡。

①—救生艇；②—T卡箱

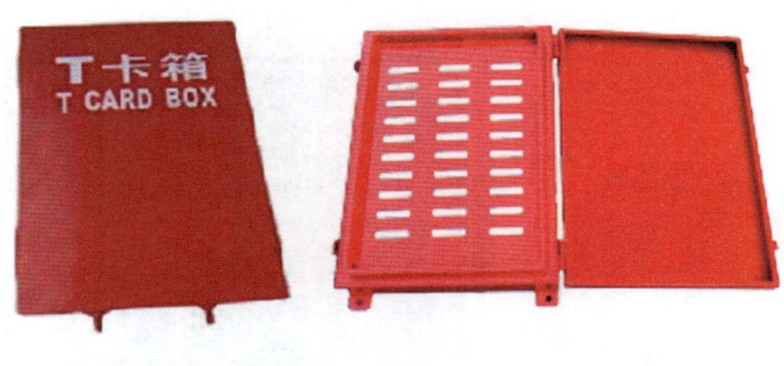

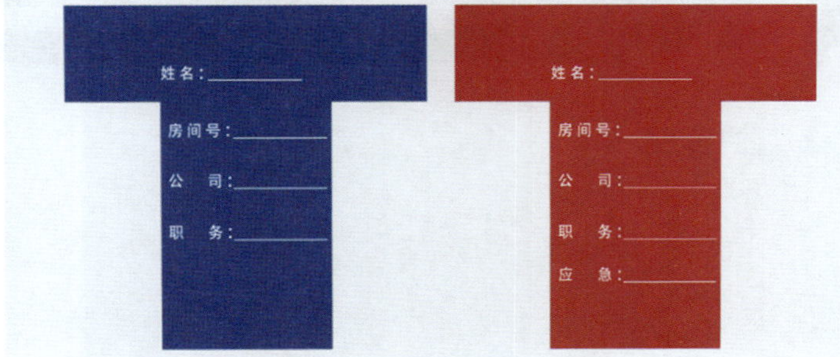

10. 应变部署卡

在船舶上用表格形式表达的符合《1974 年国际海上人命安全公约》要求的船舶遇险时紧急报警信号及其全员的应变部署。

应变部署卡的基本尺寸（长 × 宽）为：120mm × 65mm。

所有上船并留宿的人员每人一张，张贴在床头。

驾驶员按照应变部署表中应对任务，在开航前填妥并告知全员，遇有人员变动时，应重新填写。

应变部署卡 EMERGENCY CARD		
船名 M/V: ______________		
编号 No.: ·	姓名 Name:	职务 Rank:
艇号 Boat No.:		消防集合地点 Fire muster station:
消防 Fire control	信号 Signal	短声连放一分钟，随后：一长声（船 前部失火），二长声（船中部失火），三长声（船后部失火），五长声（上甲板 失火） Short blasts continued for me minute.Thereafter, one long blast stands for fore part, two for middle part, three for aft part, four for engine room, five for upper deck.
	任务 Duty	
弃船 Abandon Ship	信号 Signal	七短声一长声，重复连放一分钟 Sevenshort blats with one long blast repeated for one minute.
	任务 Duty	
人员落水 Man overboard	信号 Signal	连续三长声，随后：一短声（右舷落水）二短声（左舷落水） Three long blasts. thereafter, one short blast stands for starboard, two for portside.
	任务 Duty	
封闭处所救助 Enclosed space rescue	信号 Signal	广播通知 Broadcast notification
	任务 Duty	
解除警报：一长声 Signal for dismissal: one long blast		

11. 救生衣

救生衣又称救生背心。

按用途分为：船用（船用救生衣、船用工作救生衣）、海用 、休闲用。

按浮力原理分为：充气式、浮力填充式。

按结构型式分为：背心式、头套式（带领/单面）。

现场主要使用船用工作救生衣和船用救生衣两种。

基本要求：

红线：现场严禁使用气胀式救生衣；

采购前要注意查看检测报告，通过电话方式与检测机构联系，对报告真实性进行查询。

项目	船用救生衣	船用工作救生衣
用途	应急救援使用	日常工作使用
配件	有衣灯、提环、伴带	无衣灯、提环、伴带
浮力	> 150N	> 74N
反光带面积	> $400cm^2$	> $400cm^2$
国标	GB/T 4303—2023船用救生衣	GB/T 32227—2015船用工作救生衣

12.船用工作救生衣

材料要求：

（1）包布、缝带、缝线均要满足对应拉伸强度要求。

（2）经历10个温度循环后材料无变化。

（3）印有工作救生衣字样，颜色为橙红色，静止状态下露出水面反光带面积大于200cm^2。

（4）救生衣采取快速系固方式。

（5）哨笛响度大于100dB。

船用工作救生衣
WORKING UFEJACKET FOR SHIP
本产品经中国船级社检验合格
This praduct has been inspected by CCS

型号 Model	SY-II
产品标准 Standard	GB/T 32227—2015
编号 Serial No	2205028
使用范围 Useful Scope	船舶与海上设施 Ships and offshore Installations
浮力 Buoyanoy	≥74N
日期 date	2212

XX救生设备厂

强度要求：

（1）在1774N作用下，肩部在882N作用力下，30min应无损坏。

（2）浮力应大于74N，过火2s后，继续燃烧时间不超过6s或无继续熔化。

（3）穿戴者从4.5m跳下，应不受伤害，且救生衣无位移和损坏。

（4）主要扣具受力882N，历经30min应无破裂损坏。

13. 船用救生衣

材料要求：

（1）包布、缝带、缝线均要满足对应拉伸强度要求。

（2）经历10个温度循环后，不应有皱缩、开裂、膨胀、分解等损坏。

（3）印有救生衣字样，颜色为橙红色，静止状态下露出水面反光带面积大于400cm^2。

（4）每件救生衣应配备一只示位灯，应满足IMO国际救生设备规则要求。

（5）哨笛响度大于100dB。

强度要求：

（1）衣身以及每一圈提环均应能承受3200N的作用力30min而不损坏。肩部应能承受900N的作用力30min而不损坏。

（2）救生衣在淡水中浸没24h后，其浮力损失不应超过5%。过火2s后，不应持续燃烧或继续熔化。

（3）穿着人员落水及跳水后，救生衣应符合下列要求：

使穿着人员浮出水面并保持脸朝上，不发生脱出或对穿着人员造成伤害；没有影响其水中性能或浮力的破损；不对其附件造成破坏。

穿着要求：

无指导情况下，应有75%的穿着人员在1min内可以正确地穿上救生衣。

经指导后以及恶劣天气着装条件下，100%的穿着人员应在1min内可以正确地穿上救生衣。

反光带（见图中①）

便于快速被发现和救援，要求静止状态下露出水面反光带面积大于400cm²。

救生口哨（哨笛，见图中③）

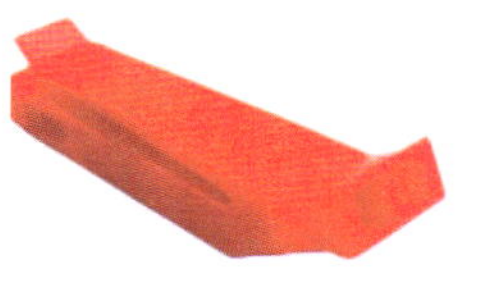

遇紧急情况吹响，便于快速被发现和救援。要求响度大于100dB。

插扣（见图中⑤）

用于穿救生衣调节至舒适位置。

衣灯（示位灯，见图中②）

用于定位，快速被发现和救援，遇水发亮，亮度大于0.75cd，工作时间大于8h。

伴带（可漂浮悬浮系带，见图中④）

落水后可与其他落水者系牢在一起。

提环（见图中⑥）

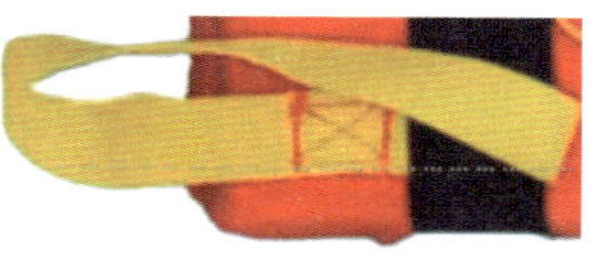

用于拖动施救。